AF573529

Frédéric Mistral

—

Les Moissons

Poème inédit

—

Mistral et les Moissons

par Pierre Devoluy

—

Ext. de la Revue de France

15 juill. – 1 Août 1927

2e Année 15 Juillet 1927 No 14

LA REVUE DE FRANCE

LES ÉDITIONS DE FRANCE, 20, AVENUE RAPP — PARIS (VIIe).

Direction littéraire :
MARCEL PRÉVOST
de l'Académie française.

Direction politique :
RAYMOND RECOULY

Toutes les communications relatives à la Rédaction ou à l'Administration doivent être adressées au Secrétaire général, **M. DE CARBUCCIA.** De cette manière seulement les envois sont régulièrement enregistrés.

Dans chaque numéro, " **LA VIE COURANTE** " est commentée tour à tour par

LOUIS BARTHOU — ALBERT BESNARD — HENRI BREMOND — EUGÈNE BRIEUX — ANDRÉ CHEVRILLON — FRANÇOIS DE CUREL — MAURICE DONNAY — ÉDOUARD ESTAUNIÉ — ROBERT DE FLERS — GABRIEL HANOTAUX — CAMILLE JULLIAN — DUC DE LA FORCE — HENRI LAVEDAN — GEORGES LECOMTE — HENRI-ROBERT — PIERRE DE NOLHAC — ÉMILE PICARD — G. DE PORTO-RICHE — HENRI DE RÉGNIER — PAUL VALÉRY — JOSEPH BÉDIER — MARCEL PRÉVOST
de l'Académie française.

Au groupe des membres de l'Académie française qui collaborent tour à tour à chaque numéro de *la Revue de France*, nous sommes heureux d'annoncer que vient s'ajouter désormais :

ABEL HERMANT, élu le 30 juin 1927.

Sommaire des Commmentaires.

Voir page XV des Annonces le résumé du roman.

MISTRAL
ET LES " MOISSONS "

UOI qu'en aient dit certains critiques insuffisamment informés, c'est en provençal que Mistral a commencé à écrire, dès son plus jeune âge. On garde, à Maillane, des essais qui datent de 1844 et 1845. En 1847, après qu'il est reçu bachelier, il reste toute une année au Mas du Juge, où il est né (1), « à bayer, comme il dit, à la chouette ou à la lune ». Et c'est là, parmi les moissonneurs, qu'il compose à dix-sept ans, entre la fête de la Madeleine et la Toussaint de 1848, un poème en quatre chants : *li Meissoun* (les Moissons), resté jusqu'ici inédit.

Dans ses *Mémoires et Récits* (2), après avoir évoqué, en une sorte de fresque biblique, les moissons d'Arles d'autrefois (*falce recurva*, avant les machines agricoles), Mistral raconte la genèse du poème :

« Lecteur, écrit-il, voilà les gens (les moissonneurs), braves enfants de la Nature, qui, je puis te le dire, ont été mes maîtres en poésie. C'est avec eux, c'est là, au beau milieu des grands soleils, qu'étendu sous un saule nous apprîmes, lecteur, à jouer du chalumeau dans un poème en quatre chants,

(1) A une demi-lieue de Maillane.

(2) Chez Plon-Nourrit.

ayant pour titre *les Moissons*, dont faisait partie le lai de *Margai*, qui est dans nos *Iles d'or*. Cet essai de *Géorgiques* qui commençait ainsi :

» *Le mois de juin et les blés qui blondissent*
» *Et le* grand-boire *et la saison joyeuse*
» *Et, de Saint-Jean, les feux qui étincellent*
» *Voilà de quoi parleront mes chansons,*

finissait par une allusion, dans la manière de Virgile, à la révolution de 1848 :

» *Muse, avec toi, depuis la Madeleine,*
» *Si en cachette nous chantons en accord,*
» *Depuis, le monde a fait pleine culbute ;*
» *Et cependant que, noyés dans la paix,*
» *Le long des ruisseaux nous mêlions nos voix,*
» *Les rois roulaient pêle-mêle du trône*
» *Sous les assauts de peuples trop ployés,*
» *Et, misérables, les peuples se hachaient*
» *Ainsi que des épis de blé sur l'aire.*

» Mais ce n'était pas là encore la justesse de ton que nous cherchions. Voilà pourquoi ce poème n'a jamais été publié. »

Certes, le « ton » des *Moissons* n'est pas celui de *Mireille*, ni celui du *Poème du Rhône*; on s'y attend bien. Et on comprend que Mistral se soit peu soucié de tirer de l'ombre ce poème d'adolescent, car, dans son esprit sans doute, il n'ajoutait pas grand'chose à sa gloire.

La postérité se place à un point de vue différent : elle veut tout connaître d'un grand poète, et surtout peut-être les circonstances, les études, les essais qui ont marqué les manifestations premières et l'épanouissement de son génie. Pour Mistral, cette curiosité est particulièrement éveillée, car il est un génie exceptionnel : non seulement sa poésie ne ressemble à aucune autre, mais encore il est le rénovateur d'une langue, le chef moral d'un peuple, le « père » d'une patrie idéale... Comment cet homme extraordinaire s'est-il développé ?

En 1854, il crée *le Félibrige* et la terre d'oc s'émeut ; en 1859, il publie *Mireille*, et Lamartine crie au miracle : qu'a-t-il donc fait avant ce chef-d'œuvre et cette constitution ? Comment s'est forgé son Verbe poétique ? Quel temps a-t-il mis et quelles furent ses armes et sa tactique pour « reconquérir » la langue ?...

La publication des *Moissons* vient éclairer d'une vive lueur toutes ces questions : nous y apercevons un poète-enfant doué des plus magnifiques dons lyriques et qui se joue parmi les cadences les plus harmonieuses, les rythmes les plus subtils. Mais ce qui nous frappe d'étonnement, c'est qu'il a déjà recouvré presque entièrement « l'empire » de la langue provençale, avec ses mots vrais, vivants, légitimes et pittoresques, joyaux perdus aux sillons de la terre mère et qu'ignorent trop souvent les citadins.

Du premier coup, l'adolescent du Mas du Juge renoue la vraie tradition : il nous présente cette langue dans sa vérité, pure et limpide, dégagée des formes étrangères, purgée des barbarismes qui la défigurent et la souillent dans les écrits des *patoisants*... Pour qui sait à quelle pauvreté littéraire l'avaient réduite les siècles passés, il y a là quelque chose de prodigieux. Comment s'est accompli le prodige ?

En envoyant *les Moissons* à son grand aîné et précurseur Roumanille, Mistral lui écrivait d'Aix, en novembre 1848 (1) :

Quoique bien au-dessous des éloges que vous me donnez à profusion, j'ai, mon cher ami, l'intime conviction qu'il y a du bon dans mon poème ; et pourquoi ? Parce qu'en entreprenant cette œuvre de patience mon dessein a été de traiter le sujet au sérieux, de copier les mœurs de nos Provençaux telles qu'elles sont, de peindre les querelles, les jalousies, les amours, les farces, enfin toutes les scènes que j'ai pu saisir au milieu des moissonneurs ; en un mot, de prendre la nature sur le fait. Aussi ne me suis-je épargné ni fatigues, ni démarches : en dînant avec eux, j'ai étudié leurs repas ; en liant leurs gerbes, j'ai ouï chanter la glaneuse ; en les suivant partout, pendant un mois, à l'ardeur du

(1) Lettre inédite qu'a bien voulu nous communiquer Mme Thérèse Boissière, fille de Roumanille.

soleil, au travail, à l'ombre des saules, à la sieste, au tibanèu *(tente), j'ai pu recueillir les quelques expressions heureuses qui ravivent un peu la pâle teinte de mes vers...*

Nous découvrons là, — on peut dire à l'état naissant, — la méthode de Mistral. Plus tard, il écrira dans ses *Mémoires* :

« Ayant donc, Roumanille et moi, considéré, qu'à tant faire que d'écrire nos vers dans le langage du peuple il fallait mettre en lumière, il fallait faire valoir l'énergie, la franchise, la richesse d'expression qui le caractérisent, nous convînmes d'écrire la langue purement et telle qu'on la parle dans les milieux affranchis des influences extérieures. C'est ainsi que les Roumains, comme nous le contait le poète Alecsandri, lorsqu'ils voulurent relever leur langue nationale que les classes bourgeoises avaient perdue ou corrompue, allèrent la rechercher dans les campagnes et les montagnes, chez les paysans les moins cultivés. »

Ce travail incessant de recherche linguistique, qui devait aboutir, pour Mistral, au *Trésor du Félibrige*, nous trouvons, dans les quatre chants des *Moissons*, les preuves émouvantes que le poète y apporta, dès son enfance, une perspicacité intuitive tout à fait exceptionnelle.

Il serait passionnant, mais hors de notre cadre, d'exposer ici, d'étudier les éléments de ces preuves, de voir comment Mistral cueille les mots, les assemble, les confronte, les interroge, les dégage de leur gangue, les choisit ; comment il rétablit la syntaxe, écarte les barbarismes et les scories...

Qu'il nous suffise de dire que cette importance documentaire du poème justifierait à elle seule la décision que Mme Frédéric Mistral a prise de le publier, même s'il n'émanait de lui ce charme printanier qu'on y goûte, même s'il ne nous donnait pas, — notamment au chant IV, — de précieuses indications sur l'état d'esprit et les opinions de Mistral adolescent, même si nous n'y découvrions point les délicieuses promesses que *Mireille* allait tenir dix ans plus tard.

Nous avons connu deux manuscrits des *Moissons*, celui que gardait Mistral et celui qu'il avait envoyé d'Aix à Roumanille en 1848. Le premier de ces manuscrits ayant été égaré à Maillane, en 1924, nous avons reproduit, en le traduisant en regard, le texte du second qu'a bien voulu nous communiquer Mme Thérèse Boissière. Qu'elle en soit ici remerciée vivement (1).

PIERRE DEVOLUY.

(1) Au moment où s'imprimaient ces lignes, nous apprenions la mort, brusquement survenue, de cette femme de tête et de cœur. Fille de Roumanille, veuve de l'écrivain Jules Boissière, auteur des *Fumeurs d'opium*, Mme Thérèse Boissière, qui, à dix-huit ans, avait été reine du Félibrige, savait maintenir très haut à Avignon, depuis la mort de sa mère, le renom universel de la librairie Roumanille, qui fut un des berceaux du Félibrige. Elle continuait, avec beaucoup de talent et de tact, la publication du célèbre *Armana prouvençau*.

D'une culture très étendue, elle fut en rapport avec la plupart des poètes et hommes marquants de nos générations... Mistral et Mallarmé la chérirent, enfant. On peut dire que sa mort met en deuil tous les félibres. Et ses amis de toujours, qui voient tant de belles heures intellectuelles et cordiales s'enfuir avec elle, ne se consoleront point de ne plus la voir sourire au seuil du sanctuaire familial où le Félibrige fut consacré. P. D.

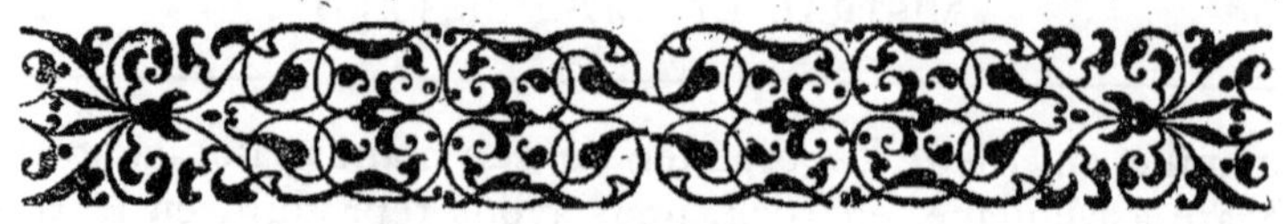

LES MOISSONS

LI MEISSOUN

(Poème inédit en quatre chants)

Quelle chaleur ! Les blés sont mûrs,
Il n'y a plus une faucille au village,
Les moissonneurs sont à l'ouvrage,
Le blé s'égrène, ils y vont dur.

J. ROUMANILLE (*La Glaneuse*).

CHANT I.

Le mois de juin et les blés qui blondissent
Et le *grand-boire* (1) et la moisson joyeuse,
Et de Saint-Jean les feux qui étincellent,
Voilà de quoi parleront mes chansons (2).

Queto caud ! Li blad soun madur,
I'a plus un voulame au village,
Li meissounié soun à l'oubrage
Lou blad s'espóusso, ié van dur.

J. ROUMANILLE (*Le Glenuso*).

CANT I.

Lou mes de jun e li blad que roussejon
E lou *grand-béure* e la gaio meissoun
E de Sant-Jan li fiò que beluguejon
Vaqui de-que parlaran mi cansoun.

(1) Déjeuner à 10 heures consistant en un œuf dur et un morceau de fromage.

(2) Les quatre premiers vers sont traduits par Mistral lui-même, dans ses *Mémoires et Récits*.

Puis je dirai le chant de la glaneuse
Qui dans les champs va courir moitié nue,
Et, bien souvent, avec le moissonneur,
Fait la coquette et reste un peu derrière.
En passant, je dirai toutes les espèces
Que, pour Saint-Luc, sème le ménager (1)
Et qu'à Saint-Jean entame la faucille.
Je m'étendrai sur les cinq repas
Qui sont nécessaires aux hommes de moisson,
Le morceau de pain grignoté sur les gerbes,
Sans avoir peur d'être point par les barbes,
Avec l'anchois que l'on mange au soleil ;
Si je sais le dire, ce sera, certes, beau.
Aide-moi, ô Muse de Provence !
Allons ! viens vite aux bords de la Durance,
Dans les longs plis de ta robe de lin ;
Qu'à ton minois si doux, si délicat,
Qu'à tes rayons ma vue s'accoutume !
Ton gai savoir, qu'ici nous aimons tant,
Dans mon sentier me serve de lumière !
Comme autrefois viendra le troubadour

Pièi i'apoundrai lou cant de la glenuso
Que, pèr lou champ, vai courre à mita nuso,
E proun souvènt, emé lou meissounié,
Fai la gandouno e rèsto un pau darnié !
Perqué ié sian, dirai touti li meno
Que, pèr Sant-Lu, lou meinagié semeno,
E qu'à Sant-Jan, lou voulame entameno :
M'espandirai sus li cinq repassoun
Que soun necite is ome de meissoun ;
Lou tros de pan rousiga sus li garbo,
Sènso ayé pou d'èstre poun pèr li barbo,
Emé l'anchoio esquichado au soulèu
Se sabe dire acò, sara proun bèu.
Ajudo-me, Museto de Prouvènço !
An ! vène lèu i bord de la Durènço
Dins li long ple de ta raubo de lin ;
Qu'à toun mourroun tant dous e moustelin
Em'à ti rai, ma visto s'acoustume !
Toun gai-sabé, qu'aman tant eiçalin,
Dins moun draiòu me servigue de lume !
Coume autre-tèms vendra lou troubadour

(1) *Ménager*, propriétaire-fermier.

Te courtiser, te faire des baisers.
Je te le jure, ô Muse, mes amours,
Tant que je vivrai, tant que la destinée
Ne soufflera la lampe de mes jours,
Sur ton autel je jetterai des fleurs,
Je demanderai où tu as pris ta volée.

Le front ceint du lierre toujours vert,
Viens ici-bas, ô muse provençale,
Viens épancher ton souffle dans mes vers,
Ou seulement touche-moi de ton aile !

Mais déjà la faucille bruit
Sous la meule de grès, un grand soleil flamboie,
C'est la chaleur ; on entend la cigale.
Attache bien ton petit chapeau de paille,
Prends ta flûte et rebats ta faucille,
Bois un coup pur et chante la moisson.
La terre fraîche était dans la nuit sombre,
Les oisillons, nichés dans les bosquets,
En paix, faisaient encore un petit somme,
Tout ce qui vit dormait dans la nature,

Te caligna, te faire de brassado.
O, te lou jure, o Muso mis amour,
Tant que viéurai, tant que la destinado
Noun boufara lou calèu de mi jour,
Sus toun autar vendrai jita de flour,
Demandarai mounte as pres ta voulado.

Lou front cencha de l'èurre toujour verd,
Vène eiçavau, o Muso prouvençalo,
Vène escampa toun alen dins mi vers,
O soucamen toco-me de toun alo !...

Mai adeja lou voulame brusis
Souto lou safre, un souleias dardaio,
Sian à la caud ; la cigalo s'ausis,
Estaco bèn toun capeloun de paio,
Pren ta flahuto, enchaplo toun daioun,
Béu un cop pur e canto la meissoun.
La terro fresco èro dins la sourniero,
Lis auceloun, nisa dins li bousquet,
Fasien, tranquile, encaro un penequet;
Tout ço que viéu dourmié dins la Naturo,

Et la prime aube encore sans chaleur
N'avait encore jeté sur le Ventoux
Son mantelet ruisselant de rosée.
Mais déjà, par chemins et sentiers,
Les moissonneurs enjambant leurs cavales,
Pierre de grès et *dés* (1) derrière l'épaule,
Ont préparé la place des gerbiers.
A leurs côtés juchées et assises,
Les lieuses, alertes et souriantes,
Malgré le brouillard n'ont mis qu'un cotillon ;
Mais la lieuse, encore qu'elle soit brunette,
Que son tablier ne soit que de bourrette,
Et son corset souvent soit entr'ouvert,
Ah ! oui, aussi, comme elle est chatouilleuse,
Et si, d'abord, elle paraît craintive,
Quand vient la fin, elle ne semble heureuse,
Qu'en se voyant la javelle à la main.
Viennent ensuite les ramasseurs de gerbes,
Hommes vaillants, robustes, gros mangeurs,
Dont le travail est d'engerber

E la primo aubo encaro sèns calour
N'avié panca 'spandi sus lou Ventour
Soun mantelet trempe de bagnaduro.
Mai adeja, pèr draio e pèr camia,
Li meissounié 'scalambrant si cavalo,
Safre e dedau penja dessus l'espalo,
An arrenja lou liò di garbeiroun.
A si coustat, quihado d'assetoun,
Li ligarello alerto e risouleto
Mau-grat la nèblo, an mes qu'un coutihoun ;
Mai la liairo, emai siegue mourreto,
Que soun faudau siegue que de boureto,
E soun courset souvènt siegue badant,
Ah ! si peréu, peréu es catihouso,
E se, d'abord, vous sèmblo vergougnouso,
Sus l'en-darrié noun vous parèis urouso
Qu'en se vesènt la gavello entre man.
Un pau après, vènon lis acampaire,
Ome de bon, roubuste, gros manjaire,
Que soun travai es d'engarbeirouna

(1) *Dés* (dedau), doigtiers en roseau protégeant les doigts de main gauche du moissonneur.

Ce que les *solques* (1) ont déjà moissonné,
Allons ! venez vite, fainéants de râteleurs,
Là-bas derrière, pourquoi lanternez-vous ?
On dirait que vous allez prendre la mère au nid.
Dépêchez-vous, au lieu de plaisanter.

Voyez là-bas le *baïle-maître* (2)
Qui s'accompagne avec le *capoulié* (3) !
Ils font merveille, et, pour plus tôt y être,
Ils ont passé les premiers, ces deux-là.
J'entends d'ici le grelot de leurs mules,
Derin-din-din si doux qu'il vous console,
Quand s'y confond la rosée du matin,
Ou, sur le soir, à l'heure où d'ordinaire
Le petit pâtre enferme le bétail
Quand vous vous trouvez seul dans un chemin.

Le long du fossé, je vois venir l'échanson,
Derrière son dos, le petit tonneau pend,

Ço que li sóuco an deja meissouna.
An ! venès lèu, feiniant de rastelaire,
Eila darnié, perqué landrineja?
Sèmblo qu'au nis ana'aganta la maire,
Despachas-vous, au liô de guseja.

Aperalin 'spinchas lou baile-mèstre!
Que s'acoumpagno emé lou capoulié !
Faran fendudo, e, pèr ié plus lèu èstre,
Aquéli dous an passa li proumié.
Ause d'eici l'esquerlo de si miolo,
Derin-din-din tant dous que vous assolo,
Quand ié mesclas l'eigagno dóu matin.
O, sus lou vèspre, au tèms que d'ourdinàri,
Lou pastrihoun embarro lou bestiàri,
Quand vous troubas soulet dins un camin.

Long dóu valat, vese veni lou chourlo :
Darrié soun quiéu lou barralet penjourlo,

(1) *Solque* (sóuco), groupe de deux moissonneurs, avec une jeune fille ou un garçon chargé de mettre en gerbe les épis.

(2) *Baïle-maître*, maître valet qui organise la marche du travail.

(3) *Capoulié*, chef des moissonneurs qui ouvre la voie dans les emblavures.

Le tonnelet plein de jus d'alicante,
Le tonnelet où les mâles discordes,
Les déplaisirs, l'inquiétude grognonne,
La jalousie, le poison du chagrin
A déjeûner peut-être se noieront.
Au dernier rang, la *truie* (1) va doucement.
Ses gros souliers à clous, sur le rocher,
Retentissaient comme un pas de cheval !
Là se confond le glou-glou des tonneaux,
Au chant des filles et au bruit des *badoques* (2).
Qu'il fasse frais ou qu'il pleuve, qu'importe !
Le moissonneur, sans cesse, est matinal,
Il ne craint rien, ni le froid ni le chaud,
Il rit du vent comme de la bruine :
Un escadron de mulets débridés
N'est ni tant fier ni autant déchaîné.
Son sein poilu au grand air se découvre.
Vous voyez pendre ses rugueuses mamelles
Et puis sa peau noircit et se havit
Quand, sur son front, darde le grand soleil.

Lou barralet plen de jus d'alicant,
Lou barralet mounte li malamagno,
Li desplesi, la renouso magagno,
La jalousié, lou verin de la lagno,
A dejuna belèu se negaran.
Au darnié rèng la trueio vai plan-plan,
Si gros soulié clavela, sur la roco,
Restountissien coume un pas de chivau !
Aqui se joun lou glou-glou di barrau,
Lou cant di chato e lou brut di bedoco.
Se fai fresquiero o se plòu i'es egau !
Lou meissounié de-longo s'amatino ;
Eu, rèn ié fai, ni la fre ni la caud,
S'enchau dóu vènt coume de la plouvino :
Un escabot de miòu descaussana
Es ni tant fièr, ni tant desbadarna.
Soun sen pelous à l'èr se despeitrino,
Vesès penja si dous rùfi mamèu
E pièi sa pèu negrejo e se rabino
Quand, sus soun front, dardaio lou soulèu.

(1) *La trueio*, le plus maladroit des moissonneurs (note en marge de Mistral, dans le manuscrit).

(2) *Badoque*, carquois pendu derrière le dos dans lequelle moissonneur attache la faucille.

Mais voici l'œuvre ! Oh ! la belle jonchée !
Bénédiction ! les vastes emblavures !
Et les épis sont roux, mûrs, tous pareils,
Et tout le plan semble une mer dorée,
Les vents légers, quand l'aube s'est montrée,
De leur haleine en agitent les ondes,
Et dans le ciel l'hirondelle abusée
Croit voir la mer et vient, en sa volée,
Comme à la mer et rire et voleter ;
Mais, en voyant que le blé l'a trompée,
L'hirondelle attrape la becquée,
Pour la porter à sa jeune couvée
A qui les poils follets poussent à peine,
Et qui gazouille à l'heure du matin.

O, bel été, environné de gerbes,
Que de bienfaits, de présents tu nous fais !
Que de moissons rousses comme ta barbe,
Éparpillées au beau milieu des landes !
Par les guérets, j'aimerais de te voir
Quand ton bras nu, havi par la chaleur,
De nos gerbiers (oh ! qui pourrait le croire?),

Mai vaqui l'obro ! Oh ! la bello terrado !
Benedicioun ! quéti grand bladarié !
Lis espigau soun rous, madur, parié,
E tout lou plan sèmblo uno mar daurado.
Li ventoulet, quand l'aubo a naseja,
'Mé soun alen boulegon lis oundado
E dins lou cèu l'óurindello abusado
Lou crèi la mar, e vèn dins sa voulado
Coume à la mar rire e voulastreja.
Mai, en vesènt que lou blad l'a troumpado,
La dindouleto aganto la becado
Pèr la pourta 'sa pichouno couvado
Que tou-bèu-just-a li péu fouletin
E fai piéu-piéu à l'ouro dóu matin.

O bèl estiéu, envirouna de garbo
Quant de bèn-fa, quant de presènt nous fas,
Que de meissoun rousso coume ta barbo,
Esparouiado an mitan di campas !
Pèr lis estoublo amariéu de te vèire
Quand toun bras nus, rima de la calour,
De nòsti garbo (oh ! quau pourra lou crèire?),

De nos gerbiers éloigne les bruines
Et le grésil, l'effrayante tempête,
Le vent-terral, qui tant de grains disperse,
Les gros brouillards, la triste consomption,
Et la rouille qui brûle comme un four !

O bel été, saison de l'abondance,
Qui, dis-le-moi, peut se plaindre de toi ?
Tu es et seras toujours le bienvenu,
Toujours tu viendras couronner l'espérance.
Le pauvre, alors, ne vit plus de pain rongé.
Quand vient l'été, la vie n'est pas si dure ;
Vivent les gueux ! Et les fèves sont mûres,
Épiez-les, tant que la saison dure,
Dans les champs de fèves, à l'ombrette assis,
Tout en écorçant, se gratter l'échine.

Quand vient l'été, le pauvre fait de la litière
Pour se coucher et pour nourrir son âne ;
S'il va au bois, en rapporte un gros faix
Pour se chauffer l'hiver ; et puis, parbleu !
Dès qu'une fois le soigneux ménager

De nòsti garbo aliuencho lis eigour,
Lou madrian, l'esfraiouso chavano,
Lou vènt-terrau qu'espóusso tant de grano,
Li gróssi nèblo e la tristo marrano
E lou rouvi que brulo coume un four !

O bèl estiéu, sesoun de l'aboundànci,
Quau, digo-me, pòu se plagne de tu ?
Sias e saras toujour lou bèn-adu,
Toujour vendras courouna l'esperanço.
Lou paure, alor, viéu plus de pan rata.
Quand vèn l'estiéu, la vido es pas tant duro ;
Vivo li gus ! li favo soun maduro,
Espinchas-lèi, tant que la sesoun duro,
Dins li faviero, à l'oumbrino asseta,
Tout en plumant, l'esquino se grata.

Quand vèn l'estiéu lou paure fai de bauco
Pèr se coucha, pèr ariba soun ai ;
Se vai au bos, n'acampo de bon fais
Pèr se caufa, l'ivèr ; e pièi, viedauco !
Tre qu'uno fes l'abarous meinagié

A fait crisser sur l'épi la faucille,
Vous pouvez aller, glaneuse, mon amie,
Glaner les restes en vous tenant derrière.
Mais que fais-tu, où vas-tu, ô Musette,
Qu'as-tu besoin de t'égarer si vite ?
Ah ! tu voudrais, sans doute, capricieuse,
Montrer déjà ta petite langue ?
Va, tiens-toi là, tout doucement, jolie.
Ne marchons pas tels des écervelés
Et renouons le fil de l'écheveau !

Le moissonneur, courbé sur la javelle,
A pleine main empoigne les épis,
Avec ses doigts protégés par les *dés*.
Il ne s'enquiert si la moisson est belle,
Ni si l'ivraie ou si la fumeterre
Servaient d'abri au nid de perdreaux,
Si la fauvette ou le petit rouge-gorge
Venaient becquer la graine de glaïeul.
Rien ne l'émeut, rien ne le fait fléchir :
Il est semblable à la Mort Décharnée

A fa crussi l'óurame sus l'espigo,
Poudès ana, glenuso, moun amigo,
Glena li rèsto en vous tenènt darrié.
Mai de-que fas, ounte vas, o Museto,
De-qu'as besoun de t'esmarra tant lèu?
Ah ! voudriés, parai, cascareleto,
Moustra deja ta pichoto lengueto?
Vai, tèn-t-aqui ! plan-planet, poulideto,
Caminen pas coume de bartavèu
E renousen lou fiéu dóu cabedèu !

Lou meissounié, courba sus la gavello,
Empougno à plen de man lis espigau,
Emé si det fourra dins li dedau.
S'enquèsto pas se la meissoun es bello,
Se lou margai o la tarabustello
Servien de calo au nis de perdigau,
Se la bouscarlo o lou pichot rigau
Venien beca la grano de coutello (1).
Eú rèn l'esmòu e rèn lou fai placa :
A bèn dóu mau de la grand mort-peleto

(1) Entre parenthèses, Mistral indique : *glaïeul.*

Que jamais nul n'a pu toucher !
Ni la beauté des tendres jeunes vierges,
A marier un peu avant l'aurore
Et dont le lendemain était rompu le fil,
Ni tant d'enfants non encore mûrs pour la faux,
Et que la Vieille avec un coup de perche
A fait descendre au précipice noir,
Bien plus nombreux que les feuilles d'automne
Que, dans les bruyères, amoncelle le *Narbonnais*,
Bien plus nombreux que les nids d'oiselets
Qui, sur le soir, entendant la tempête
Gronder de loin, aux plaines de la Crau,
Vont se cacher, frissonnants, dans les trous,
Sous les genêts, tout le long des étangs.
Ainsi, plus le travail avance, et plus
Le moissonneur active sa faucille,
Tout tombe à terre, le lis et le chiendent,
Comme à la mort, le beau avec le laid.

Ores, passons à la loi du travail :
Deux moissonneurs avec une lieuse

Que jamai res l'a pouscudo touca !
Ni la bèuta di tèndri piéuceleto,
Maridadouiro un pau davans l'aubeto
E l'endeman soun trachèu èro rout !
Ni tant d'enfant qu'èron panca de sego
E que la vièio em'un cop de partego,
A fa descèndre au negre trepadou.
Bèn mai noumbrous que li fueio d'autouno
Que dins li brusc l'*Erbounés* (1) amoulouno,
Bèn mai noumbrous que li nis d'auceloun
Que, sus lou vèspre, ausissènt la tempèsto,
Rounfla de liuen i plano de la Crau
Van se ramba tremoulant dins li trau,
Long dis estang dessouto li genèsto,
Ansin, dóu mai l'obro avanço, dóu mai
Lou meissounié despacho soun voulame,
Tout toumbo au sòu, l'ile coume lou grame,
Coume à la mort, lou bèu emai lou laid.

Aro passen à la lèi dóu travai :
Dous meissounaire em'uno ligarello

(1) Pour *lou Narbounés*, Mistral indique : vent du sud-ouest.

Font une *solque* et marchent à l'écart,
Et d'un sillon moissonnent la javelle.
Ils n'ont qu'une tasse et mangent à part.
Ces gens-là ne se comptent que par solques,
Et quand les blés sont à moitié montés en épis,
Les tâcherons qui veulent se louer
Ont toujours ce mot-là à la bouche.
Ils se couchent tôt et se lèvent matin.
Ils n'ont pas les côtes en long ; la matinée,
Dit le proverbe, avance la journée,
Et la moisson, une fois entamée,
Il ne faut pas s'attarder en chemin.

Arrivés au champ, ils quittent leurs camisoles,
Quelle ferveur ! Ils dévorent les blés,
Et, qu'ils soient clairs, épais ou tout courbés,
Rien ne leur fait, la faucille s'affole,
Prend son élan, ronfle à faire trembler.

En travaillant, s'ils vont comme satyres,
Il faut pourtant que le gosier se mouille,

Fan uno *sóuco* e marchon a l'escart,
D'uno versano adoubon la gavello,
N'an qu'uno tasso e manjon à despart.
Aquéli gènt se comton que pèr sóuco,
E quand li blad soun a mita'spiga,
Li pres-fachié que volon se louga
An toujour'cô (1) pèr remena-de-bouco.
Se couchon d'ouro e se lèvon matin,
An pas li costo en long ; la matinado,
Dis lou prouvèrbi avanço la journado,
E la meissoun se'n cop's entamenado,
Fau pas cerca d'alòngui per camin.

Arriba'u champ, quiton si camisolo,
Queto afecioun ! devourisson li blad,
Que siegon clar, espés o tout gibla
Rèn ié fai rèn, lou voulame s'afolo,
E vai d'un vanc, rounflo que fai trambla.

Se'n travaiant, van coume de satire
Fau pièi pamens que lou galet s'estire,

(1) Dans le manuscrit : *touj'acó.*

Et qu'un manger salubre vienne emplir
Du journalier le ventre exténué.
Certes, il connaît, à l'ombre des montagnes,
Que les sept heures arriveront bientôt.
Du moissonneur la table est la compagne,
L'air sa maison, sa montre le soleil !

A chevauchons sur un âne noiraud,
Voici le *miarro* (1) ; et le mâtin de miarro
Tout son ouvrage est de lever les œufs,
D'un peu trier la soupe de haricots,
Et d'aviver la braise qui s'enterre.
Parfois aussi, parfois le tisonneur
Est boute-en-train, chatouille les servantes,
Et puis, pour peu qu'il les trouve gentilles,
Les suit de près, les cherche et les saisit.
Dès qu'ils sont seuls, ils ne sont pas timides.
Mais, cependant, le baïle a crié : lave !
Et aussitôt, la *chiourme* (2) qui peinait
Reprend haleine et va vers le ruisseau

Fau qu'un manja sanitous vèngue empli
Dóu journadié lou vèntre anequeli.
Boutas ! Counèis à l'oumbro di mountagno
Que li sèt ouro arribaran bèn lèu,
Dóu meissounié la taulo es la coumpagno,
L'èr soun oustau, sa mostro lou soulèu.

D'escambarloun su'n ase negrinèu,
Veici lou miarro ; e lou mastin de miarro
Touto soun obro es de leva lis iòu,
D'un pau tria la soupo de faviòu
E d'empura la braso que s'entarro ;
De fes que i'a tambèn lou cendrelet
Bouto lou fiò, fai la coutigo i tanto (3),
E pièi, pèr pau que li trove galanto,
Li tèn d'à ment, li cerco e lis aganto,
Soun pas crentous, entre que soun soulet,
Entandóumens, lou baile a crida : lavo (4) !
E tout-d'un-tèms la chourmo que boufavo
Repren alen e vai à-n-un valat

(1) *Miarro* ou *gnarro*, valet de ferme.

(2) *La chiourme*, l'ensemble des solques.

(3) En marge, en français : *les servantes sont ainsi appelées dans les campagnes.*

(4) En marge, en français : *Lavez vos faucilles !*

Laver la lame que le blé rend baveuse.
Le plus possible, ils vont loin des genêts,
Des centaurées et des mauvais chardons ;
Le miarro ouvre les cabas de jonc,
Le déjeuner s'étale sur l'herbette,
Qu'encore n'est pas évaporé l'aiguail !
Le saule, là, étend ses molles branches ;
Le surgeon d'eau, clair, aime d'y jaillir,
Et se plaît tant à l'entour des fleurs blanches
Qu'il va, revient, se fait mille bassins,
Et voudrait bien ne jamais s'en aller.
Là, tout le long, la chiourme s'aligne,
De trois en trois ils ont formé leurs groupes,
Et la lieuse, avec son air rieur,
A fait venir le moissonneur près d'elle.
Alors, les uns lavent dans le surgeon
De leur anchois les écailles d'argent
Qu'ils ont tiré tout frais du baril ;
D'autres ont creusé la croûte du petit pain
Pour y verser le jus de la sardine,
Et tout ce monde trempe dans la sauce,
Et croquerait quasiment les arêtes.

Lava l'óurame embavousi de blad.
Tant que se pòu van liuen di cauco-trepo
E dis auriolo e di marrit cardoun ;
Lou miarro duerb lis ensàrri de jounc ;
Lou dejuna s'espandis sus la tepo
Que l'eigagnau es pancaro esvana !
Aqui lou sause estènd si mòli branco
Lou clar lauroun amo de i' avena,
E se plais tant à l'entour di flour blanco
Que vai, revèn, se fai milo restanco,
E voudrié se jamai enana.
Aqui de-long la chourmo s'arrengelo,
De tres en tres an fa si roudelet,
E la liairo em'un èr risoulet
A fa veni lou meissounié contro elo.
Alor lis un lavon dins lou sourgènt
De l'anchouioun lis escaumo d'argènt
Qu'an davera tout fres de la barrielo,
D'autre an cura la crousto di panoun
Pèr ié vuja lou jus de la sardino,
E tout acò vous gnaugno lou saussoun,
E quasimen acabarien l'espino.

Sur les croûtons, ils ont frotté de l'ail,
Et sous la dent font craquer les oignons ;
Voilà le plat du rude moissonneur,
Plutôt que de s'en priver, il préférerait
Manger de la terre et boire de l'eau trouble.
Au moissonneur, il faut des vivres de haut goût,
Durs à la dent, tout crus et salés,
Les liasses d'aulx qui crispent les mâchoires,
Oignons d'Auriol qui font pleurer les yeux,
Vin de pressoir qui agace le goût,
Tant qu'à la fin l'ivrogne déraisonne
Et sur le sol tombe et se défigure.

Sus li crouchoun fringouion lis aiet,
Souto la dènt fan cracina li cebo ;
Acò's li plat dóu rude meissounié ;
Pulèu de n'en pati, preferirié
Manja de terro e béure d'aigo trebo.
Au meissounié fau de viéure goustous,
Dur à la dènt, tout crus e salabrous ;
Li rèst d'aiet que fan vira li barjo,
Cebo d'Auriòu que fan lis iue plourous,
Vin de destré qu'enterigo lou goust,
Tant qu'à la fin l'ibrougnasso desbarjo
E pèr lou sòu s'esbardasso e s'esbarjo.

Chant II.

Vous labourerez la terre
Et vous la sèmerez,
Aurez gaie récolte
Au bout de neuf mois.

(Chansons des bouviers.)

Que vous dirai-je de tant et tant d'espèces
Que dans son bien sème le ménager,
Et qu'il moissonne avant la Madeleine,
Qui en primeur et qui tardivement?
Vous dirai-je la forme des barbes d'épis,
Si la cosse est étiolée ou pleine,
Si la touselle vaut mieux que l'*aubaine* (1),
Si le gros blé passe le blé de Turquie?
On vous dirait, là-dessus, force choses,
Belles, curieuses, utiles à retenir.

Cant II.

Labourarés la terro
E la samenarés,
Aurés gaio recordo
Au bout de nòu mes.

(Cansoun di bouié.)

Que vous dirai de tant e tant de meno
Que dins soun bèn lou meinagié semeno,
E que meissouno avans la Madaleno,
Quau-premieren e quau sus l'en-darrié?
Vous dirai-ti la formo di barbeno,
Se la boudousco es anouïdo o pleno,
Se la tousello es meiour que l'aubeno,
Se lou gros blad passo lou Barbarié?
Aqui-dessus, se dirié forço causo,
Bello, curiouso, utilo a reteni.

(1) *Aubaine*, sorte de froment.

Mais pour chanter sans les diminuer
Il nous faudrait une flûte magique.

Heureux, ô trois et quatre fois heureux
L'homme qui sait, le mortel qui devine
L'œuvre de Dieu et son bras tout-puissant !
Il n'y a rien, pour lui, qui soit ardu,
Rien qui se cache aux flammes du génie.

A toi d'abord, fleur des blés provençaux,
Manne de Dieu, *seissette* (1) *maillanaise* ;
Le pain que tu fais n'eut jamais d'égal,
Ni le gros blé venu des pays chauds,
Rêche, fauché d'une tardive main,
Ni l'abondant épi amenuisé
Que nous offre la touselle arlésienne ;
Mais la touselle, en terre camarguaise,
Il faut la voir, ma foi, c'est une joie !
Là, vous voyez la nature amicale,
Dans la plaine palustre, d'une main généreuse,

Mai pèr canta sènso li demeni.
Faudrié canta'm'uno flavuto enclauso (2).

Urous, o tres e quatre fes urous
L'ome que saup, lou mourtau que destrìo
L'obro de Diéu e soun bras pouderous !
Pèr éu, i'a rèn que fugue rabastous,
Rèn que s'escounde au fiò de l'engenìo.

A tu, proumié, flour di blad prouvençau,
Mauno de Diéu, *seisseto maianenco* ;
Lou pan que fas aguè jamai d'egau,
Ni lou gros blad vengu di païs caud,
Rufe, sega d'uno man darnierenco,
Ni l'aboundous e menusa' spigau
Que nous adus la tousello arlatenco ;
Mai la tousello, en terro camarguenco,
Fau vèire acò, ma fisto ! vous fai gau !
Aqui vesès la naturo amistouso
Dins li palun, d'uno man aboundouso,

(1) Froment barbu. Mot d'amoureux : *ma bello seisseto !* ou *ma belle mignonne* (*Trésor du Félibrige*).

(2) En marge, en français : *sur une flûte magique.*

Éparpiller ses présents les plus beaux.
Car là, le grain se coupe à la ceinture
Et la moisson venue à temps, et mûre,
Du moissonneur recouvre le chapeau !
D'ailleurs, qu'importe ? Ou touselle ou seissette,
La différence, allez, est bien petite.
Et, seulement, que la seconde est longue,
Barbue, rugueuse, et l'autre, sans un poil.
Vous parlerai-je du froment barbu ?
Pareillement je vous en parlerai.
Je vous dirai qu'il a l'épi plus large,
Et barbe noire. A bien dire le vrai,
Le gros blé rouge n'abonde guère plus.
Or, celui-ci, de vers le côté d'Apt,
Même plus haut, vers Digne et Forcalquier,
Dans ses novales, n'ayez pas peur qu'il manque,
Ils y en a toujours assez pour gonfler les greniers.
Plus haut encore, au milieu des montagnes,
On cueillera l'épeautre et la châtaigne,
L'orge, le seigle avec le méteil.
Mais nous, enfants joyeux de la Provence,
Qui avons le pain, le vin, bonne chevance,

Esparouia si presènt li plus bèu.
Aqui lou gran se coupo à la centuro
E la meissoun tempourado e maduro
Dóu meissounaire atapo lou capèu !
Pièi, que que fugue, o tousello o seisseto,
La diferènci, anas, es pichouneto.
Tant soulamen la segoundo èi loungueto,
Rufo, barbudo, e l'autro n'a pa'n péu.
Dóu regagnoun voulès-ti que vous barje ?
Dóu regagnoun peréu vous barjarai,
E vous dirai qu'a l'espigau plus large
E barbo negro. A dire lou verai,
Lou gros blad-rouge aboundo gaire mai.
Aquest d'eici, de-vers lou coustat d'Ate,
Emai plus aut, vers Digno e Fourcauquié,
Dins si roumpido agués pas pòu que rate,
N'i'a toujour proun pèr gounfla li granié.
Enca plus aut, au mitan di mountagno
Reculiran l'espèuto e la castagno,
L'òrdi, la seglo emé lou counsegau.
Mai nautre, enfant galoi de la Prouvènço,
Qu'avèn lou pan, lou vin, bono chabènço,

Nous donnons l'orge et le seigle au bétail.
Ce n'est pas que le seigle ne soit bon,
Ce n'est pas que l'épeautre soit sans goût,
Mais, on le sait, force vivre abondant,
Chez les gens drus, se gâte et s'abandonne.

Ha ! Tout d'un coup, si la trompette sonne,
Rauque, enrouée, et si le travailleur
Loin de lui jette le sarcloir
Pour prendre en main, pour aiguiser le sabre !
A la tuerie, si la guerre en hurlant
Appelle les hommes et foule les cadavres,
O mauvais sort ! le romarin de plaine,
La triste ivraie et l'avoine sauvage
Règnent alors au beau milieu des terres.
Oh ! que de maux engendrés par la guerre !
Alors, la faim, compagne de la mort
(Devant mes yeux, je crois que je la vois
Et, d'effroi, je me fais tout petit) (1),
Blême, grondante, à faire mal au cœur,
Elle erre autour des cabanes désertes

Baian la seglo emai l'òrdi au bestiau.
Es pas que noun la seglo siegue bono,
Es pas que noun l'espèuto ague de goust,
Mai, lou sabès, forço viéure aboundous
Quand sias trop drud, se degaio e se dono.

Ha ! Tout-d'un-cop, se la troumpeto sono,
Gamado e rauco ! E lou travaiadou
S'apereila jito lou siéucladou
Pèr aganta, pèr amoula lou sabre !
Au tuadou, se la guerro, en ourlant,
Bramo lis ome, e chaucho li cadabre ;
O, marrit sort ! lou roumaniéu-de-plan,
Lou triste juei, la grand civado fèro
Mestrejo alor au bèu mitan di terro.
Oh ! que de mau coungreia pèr la guerro !
Alor la fam, coumpagno de la mort
(Davans mis iue me sèmblo que la vese
E de l'esfrai siéu pas plus gros qu'un pese),
Blavo, esparrado à faire mau de cor,
Varaio autour di cabano deserto,

(1) Littéralement : Et d'effroi, je ne suis pas plus gros qu'un pois.

Avec ses longues dents, la gueule ouverte,
Comme, l'hiver, un loup sauvage sort
De sa caverne à l'odeur d'un agneau.
Vous verrez alors les gens affamés
Avec l'avoine aller faire farine.
Vous les verrez, hélas ! exténués,
Se battre pour un bout de pain de chien.
Que dis-je ? Le blé de Turquie gonflé
Que l'on donnait comme soupe aux valets,
Dont on faisait des *millasses* (1) dorées,
En ce temps-là, sera du pain bénit !
Et le mil noir, et les fèves grenues,
Et les pommes de terre au four s'en iront.
En de tels jours, ah ! que le pauvre monde
En voit de dures et avale de fiel !
Mais Dieu de nous éloigne ces fléaux !

Maintenant à mes vers que voulez-vous que j'ajoute ?
Si j'avais pu, sans doute le blé-meunier
Qui vient d'Afrique et jette des surgeons,

'Mé li dènt longo e la goulo duberto
Coume l'ivèr, un loubatas que sort
De sa cafourno à l'óudour d'uno berto.
Veirés alor li gènt afameli
'Mé de civado ana faire farino,
Veirés li gènt, pecaire, anequeli,
Se charpina pèr un tros de canino (2)
Que dise? Si, lou barbarié mouflet
Qu'èro apatia coume trempo i varlet
Que n'en fasien de mihasso daurado (3)
En aquéu tèms sara de pan signa !
E lou mi negre, e la favo engranado
'Mé li tartifle, au four saran cougna.
En de tau jour ah ! que lou paure mounde
N'en béu de duro, e qu'avalo de fèu !
Mai, Diéu de nautre aliuenche aquéli flèu !

Aro à mi vers de-que voulès qu'apounde ?
S'aviéu pouscu bessai lou blad-móunié
Que vèn d'Africo e jito de coustié,

(1) *Millasses*, gâteau de maïs.

(2) En marge, en français : *pain de chien.*

(3) En marge, en français : *gâteau.*

Et le blé-monstre, armé de tant d'arêtes
Qu'il égratigne et ressemble aux criblures,
Et l'avoine, avec ses longues crêtes,
Et la dragée ou le fourrage vert
Auraient peut-être coulé de mes lèvres
Comme Vaucluse à l'ombre des saulaies.
Mais la salive obstrue mon flageolet.
Je sens pourtant la maladie des vers
Qui, dans mes veines, entre comme un serpent,
Et, hors d'haleine, me sèche et me trouble,
Et qui me point au fin fond de mes moelles.

Pour achever, pour endormir le mal,
Chantons encore et chantons la paumelle !
Elle a un grain nourri qui rassasie ;
On en faisait le gros pain calendal (1),
Quand, pour Noël, beau temps de nos aïeux,
Nuit bénie employée à bien faire,
Quand les nouveaux époux, les sœurs, les frères
Venaient poser *Cacho-fió* (2) à la maison,

E lou blad-moustre, arma de tant d'arrèsto
Que vous grafigno, e sèmblo de grapié,
E la civado, emé si longo crèsto
La Bargelado e lou ferrage verd,
Aurien bessai raja de ma bouqueto,
Coume Vau-Cluso, à l'oumbro di sauseto.
Mai l'escupagno engorgo ma flaveto.
Sènte pamens la malandro di vers
Que dins mi veno, intro coume uno serp,
Desalena, me seco, me bourroulo,
E me lancejo, au fin founs di mesoulo.

Pèr acaba, pèr endourmi lou mau,
Zóu canten mai e canten la paumoulo !
A'n gran nourri que tambèn assadoulo ;
Se n'en fasié lou gros pan calendau,
Quand, vers Nouvè, bèu tèms de nòsti paire,
Niue benesido emplegado à bèn faire,
Vesias li nòvi e li sorre e li fraire
Veni pausa cacho-fiò dins l'oustau,

(1) *Pain calendal*, pain de Noël.

(2) *Cacho-fiò*, bûche de Noël. Voir dans *Mireille* la description de la fête de la veille de Noël.

Et partager la platée d'escargots !
O *Cacho-fiò* ! Calendal, vieux Saboly,
Noël de l'hôte, à l'air si plein de pitié,
Nougat d'amande et du miel le plus doux,
Lueur des lampes et fouacette à l'huile,
Oh ! quel plaisir d'être devant le feu,
Tous ensemble, les pieds sur les chenêts !
Mais, peu à peu, tout se perd et s'oublie.
De l'us gentil, il ne reste qu'un peu,
Que le poète recueille à la bastide
Pour le mettre en pleurant dans ses chansons.

Ainsi, parfois, la vue ennuagée
Voit une tour assise sur un roc ;
Mais que, soudain, la tempête s'élève,
Soudain la foudre a démoli la tour,
Et il ne reste qu'un amas de débris,
Où, sur le soir, un dolent amoureux
Plein de langueur, car on ne l'aime guère,
Vient tout pensif et douloureux, le pauvre,
Sur ses amours, verser des flots de larmes...
Pourtant, ô Muse, essuie tes pleurs,

E parteja lou plat de cacalaus !
O cacho-fiò ! Calendau, vièi Sabòli,
Nouvè de l'oste, à l'èr tant pietadous,
Nougat d'amelo e dóu mèu lou plus dous,
Mou di candello e fougasseto à l'òli
Oh ! que plesi d'èstre davaus lou fiò.
Tóutis ensèn, li pèd sus li cafiò !
Mai à cha pau tout se perd e s'óublido
D'acò galant n'en rèsto qu'un brisoun,
Que lou troubaire acampo à la bastido
Pèr lou bouta'n plourant dins si cansoun.

Ansin de fes, la visto ennivoulido
Vèi uno tourre assetado su'n ro ;
Mai que, subran, la tempèsto s'auboure,
Subran li tron escabasson la tourre
E rèsto plus qu'un moulounas de tros,
Mounte lou vèspre, un doulènt calignaire
Alangouri d'acò que l'amon gaire
Vèn, pensatiéu e maucoura, pecaire,
Sus sis amour toumba de larmo à bro...
Pamens, o Muso, eissugo ti lagremo,

Laisse amoureux et poète où ils sont,
Continuons la joyeuse moisson.

S'il veut trouver du poisson, le pécheur
Cherche les lieux où le poisson se cache,
Battant la mer à coup de rames ;
Mais si le poisson déchire le filet,
Le gai pêcheur, dès qu'il a détendu,
Largue la voile et rapporte à sa femme
Heureuse pêche et joie et frais baisers.
Non loin de là, si l'adroit petit pâtre,
Le long d'un ravin a vu fuser un lièvre,
Pour le chasser, certes, il n'est pas transi ;
Mais, aussitôt, il lui lance son chien
Qui, chauvissant, le renifle et découvre,
Et, patatras ! lui coupe le chemin.
La pauvre bête, effrayée, détale
Dans les pâtis, les friches, les buissons,
Et va mourir de la main du brutal,
Qui l'abat d'un coup de caillou.
Mais quand, la nuit, rentrant à la maison,

Laisso fringaire e troubaire ounte soun
E countunien la galoio meissoun.

Lou pescadou pèr trouba de peissoun
Cerco li rode ounte lou pèis s'estremo,
En bacelant la mar à cop de remo ;
Mai, se lou pèis estrasso lou fielat,
Lou gai pescaire, entre qu'a descala,
Largo la velo, e carrejo à sa femo
Urouso pesco e joio e fres poutoun.
Pas liuen d'aqui, se l'adré pastrihoun,
De-long d'un gaudre a vist fusa'no lèbre,
Pèr l'acassa, boutas, n'es pas jalèbre ;
Mai tout-d'un-tèms vous ié cusso soun chin,
Qu'en chaurihant, la niflo, la destousco,
E, pataflòu ! ié coupo lou camin.
La pauro bèsti, esfraiado, tabousco
Dins li coussou, lis ermas e li tousco,
E vai mouri de la man dóu brutau,
Que la debano em'un cop de caiau.
Mai quand la niue, de retour à l'estage (1)

(1) En marge, en français : *maison.*

Content, il l'apporte, à son bâton pendue,
Dans la brigade et dans tout le ménage
Grande est la joie et grand le gueuleton.

Mais bien plus grande aux champs sera la joie,
Au champ bien plus l'œuvre sera joviale,
Si, de partout, gerbiers et chevaux,
Dans les guérets s'élèvent aux ceintures,
Aussi épais que les cailloux en Crau,
Si la lieuse, retroussant son tablier,
Et du genou pressant l'épi,
Pour tenir pied au moissonneur prend peine,
Et si le feu d'un soleil brûlant
Qui vous assomme et vous grille le nez,
Est rafraîchi par l'haleine tiède
D'un vent léger qui souffle doucement.
Assez, assez ! hommes forts, femmes, filles,
Puisque le vent en riant vous caresse,
Arrêtez-vous, vous devez être las !
Votre gosier craint trop la sécheresse.
Et, *cap-de-bieu !* je sais que l'estomac
D'un moissonneur, jamais on ne l'a vu chômer,

L'adus, countènt, penjado à soun bastoun
Dins la bregado e dins tout lou meinage,
Grando es la joio e grand lou guletoun.

Mai bèn plus grando au champ sara la joio
Au champ bèn mai l'obro sara galoio,
Se, de pertout, garbeiroun e cavau,
Dins li gara, s'aubouron i centuro
Autant espés coume li code en Crau,
Se la liairo, estroupant soun faudau,
E dóu geinoun esquichant l'espigau,
Pèr teni pèd'u meissounaire a proun peno,
E se lou fiò d'un soulèu caudinas
Que vous ensuco e grasiho lou nas,
Ei refresca pèr l'alen doucinas
D'un ventoulet que tout-bèu-just aleno.
N'i'a proun, n'i'a proun, femo, fiho, oumenas,
Aro que l'auro en risènt vous caresso,
Aplantas-vous que devès èstre las !
Voste gousié cren trop la secaresso,
E cap-de-biéu ! sabe que l'estouma
D'un meissounié jamai s'èi vist chauma,

Devant l'anchois et devant le *grand-boire.*
Miarro, beau miarro, allons ! donne des vivres !
Échanson, échanson qu'au tonnelet je boive !
Et toi, Malen, viens et te sieds ici,
Comme la rose, tu as les deux joues teintes,
Ta compagnie nous garde de languir.
Viens, à plein verre, tu verseras le vin,
Et dans ton corset, oh ! si tu es trop serrée,
Je t'aiderai à détacher tes ganses.

Ho ! maître Aubinche, où est passé le pain ?
Pour manger l'œuf, pour bien tailler les tranches,
Voyez un peu, dessus le charreton,
S'il n'y aurait pas d'oignons frais, une paire.

Mais qu'est ceci ? Vous semblez être en train !
Crie le baïle à ses joyeux voisins ;
Échanson ! Demain, baptise mieux le vin,
Pour que mes gens ne plaisantent pas tant ;
Un petit coup pur, c'est bon le matin,
Pour s'éveiller ou pour tuer le ver,
Mais, dans le jour, faut y mettre de l'eau,

Davans l'anchoio e davans lou grand-béure,
Miarro, bèu miarro, an ! pourgés lèu de viéure !
Chourlo, bèu chourlo, au barriau que m'abéure !
E tu, Malen, vène t'asseta'qui,
Coume la roso as li dos gauto tencho,
E ta coumpagno engardo de langui.
Vène, à plen got, me vujaras la tencho
E, dins toun jougne, oh ! se siés trop restrencho,
T'ajudarai destaca tí vetoun.

Hòu ! miste Aubincho, ounte a passa l'artoun ?
Pèr manja l'iòu, pèr bèn chapla de lesco,
Espicha'n pau dessus lou carretoun
Se i'aurié pas'n parèu de cebo fresco !

Mai qu'es eiçò ? me sèmblo que sias'n trín !
Crido lou baile à si galoi vesin ;
Chourlo ! Deman, batejo miéus lou vin,
Pèr que mi gènt galejon pas tant ferme ;
Un chiquet pur acò's bon, lou matin,
Pèr eigrejà vo pèr tua lou verme,
Mai dins lou jour, fau que lou vin se serme,

Vous risqueriez de vous couper les mains.
Quand le vin bout, quand le soleil entête,
Moi j'ai pu voir, au beau milieu des solques,
Naître et bruire de cruelles batailles.
J'ai vu, et je frémis en le contant,
J'ai vu brandir la faucille sur les têtes,
Les yeux luisants distiller le poison,
Les dents crisser comme un coup de tempête
Qui lance à flots l'averse et le grésil.
J'ai vu l'amour enflammer les courages,
L'amour jaloux envenimer sa rage
Malgré la chaleur, laisser déborder l'outrage,
Et la lieuse, avec l'épi en main,
Blêmir, s'émouvoir, courir entre les deux :
« Bandes de fous, quelle fièvre vous brûle,
Pour vous brouiller et vous hacher pour rien ?
Quelle folie vous met en discorde,
Quelle folie d'épancher votre humeur
L'un contre l'autre, et vous êtes tous parents !
Au nom de Dieu, arrêtez-vous ! Encore ? »
Et aussitôt son bras les sépare...

E riscarias de vous coupa la man.
Quand lou vin boui, quand lou soulèu entèsto,
Ai agu vist, di sóuco entre-mitan,
Naisse e brusi de crudèli batèsto.
Ai agu vist, fernisse en lou countant (1),
Ai vist branda l'óurame sus li tèsto,
Lis iue lusènt, dardaia lou verin,
Li dènt crussi, coume un cop de tempèsto
Que jito à bóudre e raisso e pouverin ;
Ai vist l'amour empura li courage,
L'amour jalous enterina sa rage
Mau-grat la caud, leissa'spoussa l'óutrage,
E la liairo, emé l'espigo eu man,
Blavo, s'esmóure e courre entre-mitan :
« Vòu d'esglaria, que fèbre vous encagno,
Pèr vous brouia, vous chapla pèr pas rèn ?
Queto foulié vous met en malamagno,
Queto foulié d'escampa vosto lagno
Un contre l'autre, e sias tóuti parènt !
Au noum de Diéu, arrestas-vous ! Encaro ! »
E, quatecant, soun bras li desseparo...

(1) Note en marge : *horresco referens*.

Mais rien n'y fait, de tonnerres, d'éclairs,
Mieux ajustés que des coups de cailloux,
Oh ! *sarnibieu!* quelle farandolée !
Tels deux agneaux encornés tout de neuf,
Amourachés d'une brebis houppée,
Ont oublié l'herbage et, moitié fous,
N'entendent plus ni à hue ni à dia !
Leur narine est gonflée et leur pied huileux
Frémit de colère en frappant le sol !
Vous voyez souffler les deux bêtes jalouses,
Quand, dans le troupeau, elles se cherchent, hargneuses,
Si, par malheur, elles se trouvent, aïe ! aïe ! aïe !
Les deux béliers prennent l'élan, se regardent,
Et aussitôt se heurtent et s'assomment !
Et, bien que le sang s'épanche comme d'un crible,
Leurs fronts cornus, coriaces comme la roche,
Sont inébranlables et ne craignent pas les chocs ;
Le pâtre en vain les accable de coups,
Leurs heurts font retentir le gîte,
Tomber les claies et s'enfuir le troupeau.

C'est assez, Muse, au repos, tu es lasse :

Mai ié fai rèn, e de tron e d'uiau,
Miéus aguincha que de cop de caiau
N'i'a, sarnibiéu, uno farandoulado !
Tau dous anounge, embana tout de nòu,
Amourachi d'uno bello floucado,
An óublida l'erbage, e, mita fòu,
Entendon plus ni ja ni viro-vòut
Sa narro es gounflo e sa bato surjouso
Mostro soun iro, en bacelant lou sòu !
Vesès boufa li dos bèsti jalouso,
Quand, dins l'avé se cercon, regagnouso,
Se pèr malur s'atrovon, ai ! ai ! ai !
Li dous aret prenon lou vanc, s'alucon,
E quatecant se turton e s'ensucon !
Emai lou sang, escampe coume un drai,
Li front banard, tihous coume la roco,
Soun imbrandable e cregnon pas li choco ;
Lou pastre en van i'ablasigo la pèu,
Si turtamen fan reboumbi la jasso
Toumba li cledo e fugi lou troupèu.

Muso n'i'a proun, pauso-te, que siés lasso :

Ores, tout dort, assommé de chaleur.
Pas un brin d'air, la cigale est muette !
Muse, en voilà assez pour cette fois !
Viens avec moi, au bord d'une source gazonnée,
Faire la sieste à l'ombre d'un fayard.

Aro tout dor, ensuca de la caud,
Fai pas'n péu d'èr e la cigalo es mudo !
Muso, n'ia proun pèr aquesto batudo !
Vène emé iéu, long d'uno font tepudo,
Faire miejour à l'oumbrino d'un fau.

(A suivre.)

FRÉDÉRIC MISTRAL.

LES MOISSONS

LI MEISSOUN

Chant III.

Dis-moi une parole,
Jeune pastourelette,
Chante-moi une chanson.
(Vieille Chanson.)

Haut ! Aiguisez et regardez-moi faire ;
Que la faucille pressée contre vous
Soit frottée d'un grès râpeux ;
Que le tranchant, aminci de travers,
Aille en dedans ; mais souvenez-vous bien
Que qui aiguise n'a jamais perdu temps.
Allons ! Vivement, que le blé se coupe !
Brin ! Brou ! Brin ! Brou ! que la faucille crisse
Sous l'épi, et que tout se réveille,
Glaneuse au champ et cigale au bosquet !

Cant III.

Digo-me'no resoun,
Jouino pastoureleto,
Canto-me'no cansoun.
(Vièio Cansoun.)

Dau ! amoulas e regardas-me faire ;
Que lou voulame esquicha contro vous
Siegue freta d'un safre raspignous,
E que lou tai aprima de bescaire
Vague en dedins ; mai souvenès-vous bèn
Que quau amolo a jamai perdu tèms.
An ! vitamen, que lou blad se gourbihe (1) !
Brin ! Bròu ! Brin ! Bròu ! que l'óurame crenihe
Souto l'espigo e que tout se revihe,
Glenuso au champ e cigalo au bousquet !

(1) En marge, en français : *se coupe.*

La glaneuse en broutillant ses glanes
Souventes fois dispose en longues tresses
Ses cheveux blonds, des vents jolis jouets,
Où, avec grâce, elle met des bouquets.
Et puis, parfois, derrière les moissonneurs,
Enjouée vient et, voulant les distraire,
Leur va chanter un air de l'an passé.
Lors, vous verriez, ma foi, les râteleurs,
Les moissonneurs et les metteurs en gerbes,
Ouvrir l'oreille et retenir leur souffle ;
Le dur bouvier courbé sur la charrue
Tourner la tête et sortir du sillon ;
Les ruisselets aplanir leurs rides,
Les vents légers retenir leur haleine,
Le long du ru, le peuplier étonné
Faire taire son doux bruissement...
Et puisque ainsi la glaneuse est aimée,
Et que sa voix est la voix de la fée,
Rossignolets, cigales, taisez-vous !
Voici le chant de la *Belle d'Août* (1) :

La gleneiris en bouscaiant si gleno
Souvènti-fes se fai de lóngui treno
'Mé si péu blound, di vènt poulit jouguet,
Mounte emé biais a mescla de bouquet.
E pièi, de fes, darrié li meissounaire
Vèn, ajouguido, e pèr lis espaça,
Ié vai semoundre un èr de l'an passa.
Ma fisto, alor, veirias li rastelaire
Li meissounié, lis engarbeirounaire
Durbi l'auriho e teni soun alen ;
Lou dur bouvié, courba dessus l'araire,
Vira la tèsto e sourti dóu cresten ;
Li rajeiròu aplana sis oundado,
Li ventoulet teni soun alenado,
E, long dóu riéu, la piboulo espantado
Faire teisa soun dous vounvounamen...
D'abord qu'ansin la glenuso èi amado,
E que sa voues es la voues de la fado,
Roussignoulet, cigalo, teisas-vous
Veici lou cant de la *Bello d'Avoust* (2) :

(1) La traduction de la romance de la *Belle d'Août* donnée ici est celle des *Iles d'Or*, sauf pour les parties qui en sont soulignées et qui correspondent à des variantes dans le texte original des *Moissons*.

(2) La *Belle d'Août* fut publiée avec quelques variantes dans le recueil : *li Proovençalo* (1852) et recueillie dans *lis Isclo d'Or* (Iles d'Or). Nous donnons en note les variantes fournies par le texte définitif de la 2e édition des *Isclo d'Or* (1889).

1.

Margaï de *Beau-Mirane* (1),
Ivre d'amour,
Dévale dans la plaine
Une heure avant le jour (2) :
En descendant la colline,
Elle est folle :
— J'ai beau le chercher, dit-elle,
Je l'ai manqué
Hélas ! tout mon cœur tremble !

Rossignolets, cigales, taisez-vous !
Oyez le chant de la Belle d'Août.

2.

Margaï est si jolie
Que la lune en passant (3),

1.

Margai de Bèu-Mirano (4),
Trefoulido d'amour,
Davalo dins la plano
Uno (5) ouro davans jour :
En descendènt la colo,
Es folo :
Mis iue an bèu cerca (6),
L'ai manca
Ai ! tout moun cor tremolo !

Roussignoulet, cigalo, teisas-vous !
Ausès lou cant de la Bello d'Avoust.

2.

Margai es tant poulido
Que la luno en passant (7),

(1) Margaï de *Val-Mairane* (*Iles d'Or*).
(2) *Deux* heures (*ibid.*).
(3) *Que dans la nue* (*ibid.*).
(4) Margai de *Vau-Meirano* (*Isclo d'Or.*).
(5) *Dos* ouro davans jour (*ibid.*).
(6) Ai bèn, dis, lou cerca (*ibid.*).
(7) Que *dins lou nivoulan* (*ibid.*).

La lune enveloppée,
A dit à la nue doucement :
— Passe, nue, belle nue,
Ma face
Veut laisser choir un rayon
Sur Margaï,
Ton ombre m'embarrasse.

Rossignolets, cigales, taisez-vous !
Oyez le chant de la Belle d'Août.

3.

L'oiseau dans le genêt,
Qui berce ses petits,
Allonge un peu la tête
Pour voir son fin minois :
Mais, voyant qu'elle pleure,
Il se lève
Et pour la consoler,

La luno ennivoulido,
Au nivo a di bèn plan :
Nivo, bèu nivo, passo,
Ma faço
Vou laissa toumba'n rai
Sus Margai,
Toun sourne m'embarrasso...

Roussignoulet, cigalo, teisas-vous !
Ausès lou cant de la Bello d'Avoust.

3.

L'aucèu, dins la genèsto,
Que brèsso si pichoun,
Alongo un pau la tèsto
Pèr vèire soun mourroun (1) :
Mai de vèire que plouro,
S'aubouro,
E pèr la counsoula

(1) Pèr *vèi* soun *mourrachoun* (*Isclo d'Or*).

Il lui a parlé
Peut-être plus de demi-heure.

Rossignolets, cigales, taisez-vous !
Oyez le chant de la Belle d'Août.

4.

Le ver luisant lui-même
Qui brille dans le bois
Lui a dit : — Pauvre petite,
Prends ma lumière, si tu veux.
Tu cherches ton amoureux ?
Pauvrette !
L'eusses-tu dit plus tôt,
Ma lampe
T'aurait servi de guide.

Rossignolets, cigales, taisez-vous !
Oyez le chant de la Belle d'Août.

I'a parla
Belèu mai de miechouro.

Roussignoulet, cigalo, teisas-vous !
Ausès lou cant de la Bello d'Avoust.

4.

Enjusqu'a la luseto
Que briho dius lou bos (1)
I'a di : Pauro fiheto (2),
Pren moun lume, se vos.
Cerques toun calignaire?
Pechaire (3) !
L'aguèsses di pulèu,
Moun calèu
Sarié'sta toun menaire.

Roussignoulet, cigalo, teisas-vous !
Ausès lou cant de la Bello d'Avoust.

(1) Que *lusis* dins lou bos (*Isclo d'Or*).
(2) I'a di : pauro *touseto* (*ibid.*).
(3) *Pecaire* (*ibid.*).

5.

Margaï de *Beau-Mirane* (1)
Fait tant de va-et-vient
Qu'à l'ombre d'une allée
Elle a trouvé le jeune homme.
— Depuis l'aube, a-t-elle dit,
Ma robe
Se mouille de mes pleurs.
Que d'amour
Pour *l'homme* qui m'enlève (2) !

Rossignolets, cigales, taisez-vous !
Oyez le chant de la Belle d'Août.

6.

» La lune m'épiait
Et d'un ton compatissant

5.

Margai de Bèu-Mirano (3)
Fai tant de vai-e vèn
Qu'à l'oumbro d'uno andano
A trouva lou jouvènt.
I'a di : Desempièi l'aubo
Ma raubo
Se bagno de mi plour.
Que d'amour
Pèr l'ome (4) que me raubo !

Roussignoulet, cigalo, teisas-vous !
Ausès lou cant de la Bello d'Avoust.

6.

La luno me guinchavo
E d'un èr (5) pietadous

(1) Marga ïde *Val-Mairane* (*Iles d'Or*).
(2) Pour *celui* qui m'enlève (*ibid.*).
(3) Margai de *Vau-Meirano* (*Isclo d'Or.*).
(4) Pèr *aquéu* que me raubo (*ibid.*).
(5) E d'un *biais* pietadous (*ibid.*).

L'oisillon me parlait
De toi, mon amoureux !
Le ver luisant lui-même,
        Gentil,
Voulait de son côté
      Me prêter
Sa petite veilleuse.

Rossignolets, cigales, taisez-vous !
Oyez le chant de la Belle d'Août.

7.

» Mais ton front est bien sombre !
On te dirait malade...
Mon beau, veux-tu que je retourne
A la maison paternelle ?
— Si j'ai triste figure
        Ma foi,

L'auceloun me parlavo
De tu, moun amourous !
Eujusquo la luseto,
    Braveto,
Voulié de soun coustat
    Me presta
Sa pichoto viheto.

Roussignoulet, cigalo, teisas-vous !
Ausès lou cant de la bello d'Avoust.

7.

Mai toun front es bèn sourne !
Dirias que siés malaut...
Belas, vos que m'entourne
A moun oustau peirau ?
— S'ai tant la caro tristo
    Ma fisto,

Tout à l'heure, là devant (1),
Un papillon noir
A effrayé ma vue.

Rossignolets, cigales, taisez-vous !
Oyez le chant de la Belle d'Août.

8.

— Ta voix, jadis si douce,
Aujourd'hui semble un tremblement
Qui tonne sous terre,
J'en ai des frissons.
— Si ma voix est si rauque,
Morbleu !
C'est qu'un mauvais coup d'air
Depuis hier
M'engoue et me pénètre (2).

Adès eila-davans (3),
Un tavan
M'a'spavourdi la visto.

Roussignoulet, cigalo, teisas-vous !
Ausès lou cant de la Bello d'Avoust.

8.

Ta voues douço coume èro,
Vuei sèmblo un tremoulun
Que trono souto terro,
N'en ai de frejoulun (4).
— Se ma voues es tant rauco
Viedauco !
Es qu'un marrit cop d'èr (5)
Dempièi ièr
M'engavacho e me trauco.

(1) C'est qu'un papillon noir
En rôdant (*Iles d'Or*).

(2) *C'est que pour t'attendre*
Je m'étais couché
Le dos sur l'herbe (*ibid.*).

(3) *Es qu'un negre tavan* (*Isclo d'Or*).
En trevant.

(4) *Iéu n'ai* de frejoulun (*ibid.*).

(5 *Es que pèr t'espera,*
M'ère tra
L'esquino sus la bauco (*ibid.*).

Rossignolets, cigales, taisez-vous !
Oyez le chant de la Belle d'Août.

9.

— Je mourais d'ennui,
Maintenant c'est de peur :
Un jour d'enlèvement,
Mon beau, tu as pris le deuil !
— *Si ma veste est foncée* (1),
Sombre,
La lune ne l'est pas moins
Et pourtant
Au soleil toujours plaît (2).

Rossignolets, cigales, taisez-vous !
Oyez le chant de la Belle d'Août.

Roussignoulet, cigalo, teisas-vous !
Ausès lou cant de la Bello d'Avoust.

9.

Mouriéu de languitòri,
Mai aro es de la pòu :
Un jour de raubatòri,
Belas, as mes lou dòu !
— Se ma vèsto es founsado (3),
Neblado,
La luno l'es pas mens
E pamens
Au soulèu touj'agrado.

Roussignoulet, cigalo, teisas-vous !
Ausès lou cant de la Bello d'Avoust.

(1) *Si mon manteau est sombre,*
Est noir,
La nuit ne l'est pas moins (*Iles d'Or*).

(2) *La nuit aussi a sa splendeur* (*ibid.*).

(3) *Se moun jargau soumbrejo*
Negrejo
La niue noun fai pas mens
E pamens
La niue tambèn clarejo (*Isclo d'Or*).

10.

Quand la clarté nouvelle
Vint de l'autre versant
Et chassa les étoiles
Devant son char d'or,
Tout jeunes ils s'enlevèrent,
Jurèrent.
Tout jeunes sur un cheval
Folâtre,
Eux deux partirent (1).

Rossignolets, cigales, taisez-vous !
Oyez le chant de la Belle d'Août.

10.

Quand la clarta nouvello (2)
Venguè de l'autre bord
E couchè lis estello
Davans soun càrri d'or,
Tant jouine se raubèron,
Jurèron,
Tant jouine sus'n chivau
Fouligaud,
Éli dous partiguèron.

Roussignoulet, cigalo, teisas-vous !
Ausès lou cant de la Bello d'Avoust.

(1) *Quand l'étoile du berger*
Commença de pâlir
Et que le roi des astres
Allait disparaître,
Tout à coup ils s'enlevèrent,
Sautèrent
Sur un cheval noir,
Et en bas
Partirent ensemble (*Iles d'Or*).

(2) *Quand l'estello di pastre*
Coumencè de pali
E que lou rèi dis astre
Anavo tressali,
Tout d'un-cop se raubèron,
Sautèron
Sus un negre chivau,
E d'avau
Ensèmble partiguèron (*Isclo d'Or*).

II.

Et le cheval volait
Dans un chemin poussiéreux (1),
Et la terre *tournait*
Derrière les amants,
Et, dit-on, *les fées*
Rangées
Dansèrent autour d'eux
Jusqu'au jour.
Elles riaient comme des folles.

Rossignolets, cigales, taisez-vous !
Oyez le chant de la Belle d'Août.

II.

E lou chivau landavo (2)
Dius un camin póussous,
E la terro viravo
Darrié lis amourous,
E dison que lifado
Rambado
Dansèron à l'entour
Jusqu'au jour,
Risien coume d'asclado.

Roussignoulet, cigalo, teisas-vous !
Ausès lou cant de la Bello d'Avoust.

(1) *Sur* un chemin *pierreux,*
Et la terre *branlait*
Sous les amants,
Et, dit-on, *les Sorcières*
Fantastiques
Dansèrent autour d'eux
Jusqu'au jour
En riant aux éclats (*Iles d'Or*).

(2) E lou chivau landavo
Sus lou camin *peirous,*
E la terro *brandavo*
Souto lis amourous,
E dison que li *masco*
Fantasco
Dansèron à l'entour
Jusqu'au jour
En risènt coume d'*asclo* (*Isclo d'Or*).

12.

Alors la lune blanche
Se voila dans les nues.
L'oiseau sur la branche (1)
Se cacha de frayeur (2).
Le ver-luisant lui-même,
Pauvret,
Éteignit sa lampe
Et bien vite
Se blottit dans l'herbette.

Rossignolets, cigales, taisez-vous !
Oyez le chant de la Belle d'Août.

13.

Et l'on dit qu'à la noce
De la pauvre Margaï

12.

'M'acò la luno blanco (3)
S'ennivouliguè mai.
L'aucèu dessus la branco
S'amaguè de l'esfrai.
Enjusquo la luseto
Paureto
Amoussè soun calèu
E lèu-lèu
S'amatè dins l'erbeto.

Roussignoulet, cigalo, teisas-vous !
Ausès lou cant de la Bello d'Avoust.

13.

E dison qu'à la noço
De la pauro Margai

(1) L'*oisillon* (*Iles d'Or*).
(2) *S'envola* (*ibid.*)
(3) *Adounc* la luno blanco
S'ennivouliguè mai ;
L'auceloun sus la branco
S'envoulè de l'esfrai
Enjusqu'à la luseto
Etc. (*Isclo d'Or*).

On ne festina guère,
On ne rit guère plus ;
Et, dit-on, les fiançailles,
Les danses
Se firent dans un lieu
Où le feu
Se voyait par les fentes.

Rossignolets, cigales, taisez-vous !
Oyez le chant de la Belle d'Août.

14.

Sur les dalles de la caverne (1),
Jonchées d'ossements de mort,
Une fumée jaune
Empestait le cœur
Et il y avait des cris,
Des hurlements,
Des pleurs et des plaintes !

Se taulejè pas foço
Se riguè gaire mai ;
E dison que li fianço,
Li danso
Fuguèron dius un liò
Ount lou fiò
Se vesié di fendanço.

Roussignoulet, cigalo, teisas-vous !
Ausès lou cant de la Bello d'Avoust.

14 (1).

Sus li bard de la cauno,
Apaia d'os de mort,
Uno tubèio jauno
Empestavo lou cor
E i'avié de cridage
D'ourlage,
De plour e de rena !

(1) Strophe supprimée dans les *Iles d'Or.*

Les damnés
Glapissaient de rage.

Rossignolets, cigales, taisez-vous !
Oyez le chant de la Belle d'Août.

15.

Vallon de *Beau-Mirane* (1),
Collines des Baux, jamais
Dans vos allées
Vous ne revîtes plus Margaï.
Sa mère prie
Et pleure,
Et ne veut point cesser
De parler
De sa belle pastourelle.

Li dana
Gingoulavon de rage.

Roussignolet, cigalo, teisas-vous !
Ausès lou cant de la Bello d'Avoust.

15.

Valoun de Bèu-Mirano (2),
Colo di Baus, jamai,
Dedins vòstis andano
Veguerias plus Margai.
Sa maire dis sis ouro
E plouro
E noun vòu s'assoula
De parla
De sa bello pastouro.

(1) Vallon de *Val-Mairane* (*Iles d'Or*).
Chemin des Baux, jamais(*ibid.*)
Par colline ou par plaine (*ibid.*).

(2) Valoun de *Vau-Meirano*
Camin di Baus, jamai,
Pèr colo, ni pèr plano
Veguerias plus Margai (*Isclo d'Or*).

Rossignolets, cigales, taisez-vous !
Oyez le chant de la Belle d'Août.

Quand la glaneuse, amicale, avenante,
Eut achevé sa complainte dolente,
A son œil bleu qui rayonnait, si doux,
A sa parole si pleine de pitié,
Vous eussiez vu alors ces fronts terreux
Perdre soudain toutes leurs rides
Et le chagrin, le déplaisir grondeur,
Abandonner ces visages si durs
Pour faire éclore de tendres pensées.

C'est même chose un torrent qui déborde
Et qui charrie étables, brebis, branches,
Dans le ruisseau et dans les ravins pleins ;
Il peut parfois être suivi d'un vent
Qui tourbillonne et rafraîchit et restaure,
Et de tout mal nous guérit quasiment.

Roussignoulet, cigalo, teisas-vous !
Ausès lou cant de la Bello d'Avoust.

Quand la glenuso, amistouso, avenènto,
Aguè fini sa coumplancho doulènto,
Quand soun iue blu clarejevo tant dous
Quand soun parla n'èro tant pietadous.
Aguessias vist aquéli front terrous
Perdre subran touti si frounsiduro,
E lou pegin, lou desplesi renous,
Abandouna'quéli caro tant duro
Pèr espeli de tèndri pensamen.

La memo causo, un glavas que desboundo
E que barrulo estable, fedo e broundo,
Dins li raiòu, dins li roubino à plen ;
Pòu, i'a de fes, èstre segui d'uno auro
Que voulastrejo e fresquejo e restauro,
E de tout mau nous garis quasimen.

Chant IV.

Pauvre tu grogneras,
Pauvre tu paieras.

S'ils ne plumaient, les gouvernants, la poule,
Heureux, dirais-je, heureux le ménager
Qui connaît bien ce qui bout dans sa marmite !
Si la serfouette et l'estève et la bêche
A ses mains rudes ont fait venir des cales,
S'il a plaisante femme qui, d'ailleurs,
A la maison, tous les ans, donne un croît,
S'il sait mener sa petite besogne,
Je peux le dire, et n'en aurai pas crainte,
Je peux le dire, il est plus heureux qu'un roi !

Mais des gouvernants, cent fois, malédiction !
Si nous grondons et si le peuple bisque,
Ils en sont cause, et il faut le digérer !
Voudraient-ils donc que le peuple crevât ?

Cant IV.

Paure renaras
Paure pagaras.

Se li gouvèr, plumavon pas la poulo,
Urous, diriéu, urous lou meinagié
Que counèis bèn ço que boui dins soun oulo !
Se l'eissadou, l'estèvo e lou luchet
A si manasso an fa veni d'ampoulo,
S'a'no mouié que i'agrado, e que, pièi,
Tóuti lis an, à l'oustau, douno un crèis,
Se saup mena sa pichoto besougno,
Pode lou dire, e n'aurai pas vergougno,
Pode lou dire, èi plus urous qu'un rèi !

Mai di gouvèr cènt cop, malavalisco !
Se rouvihan e se lou pople bisco,
N'en soun l'encauso, e lou fau digeri !
Voudrien-ti que lou pople crebèsse?

Que le diable les emporte et la foudre les cave !
Ils ouvrent la plaie au lieu de la guérir !
Gouvernement, quel que soit votre nom,
Toujours vous tombez sur les pauvres misérables.
Quand nous avons grand'peine à nous nourrir,
Que, nuit et jour, les douleurs nous accablent,
Avec des lois eux nous emprisonnent,
Et, de toute façon, nous veulent appauvrir.
Puis, là-haut, les pourceaux se prélassent,
Vendant l'honneur et les places à l'encan,
Gaspillant l'or que nous mandons chaque an.
S'il n'y en a plus, ils gémissent, tapagent,
Et les impôts plus forts se renouvellent.
Tiens, pauvre peuple, avale ton travail,
Abîme-toi jusqu'au dernier soupir,
Ils se riront de toi pour tes étrennes :
Dans les plaisirs, lorsque vous vous vautrez,
Ah ! bien sûr, vous ne savez pas, vauriens,
Ce qu'un écu nous a coûté de peine.
« Pauvre tu grogneras, pauvre tu paieras. »
Toujours seras le dindon de la farce.
Toujours tu as souffert, toujours tu souffriras,

L'ase li quihe, e lou tron li curèsse !
Duerbon la plago au liò de la gari !
Gouvèr, gouvèr, coume que vous apellon,
Sèmpre toumbas sus li pàuri marrit,
Dou tèms qu'avèn grand peno à s'abari.
Que niuech e jour li doulour nous clavellon,
Èmé de lèi éli nous empestellon,
E de tout biais nous volon apauri.
Pièi, amoundaut, li gourrin s'esvedèlon
Vèndon l'ounour e li plaço à l'encant,
Acabon l'or que ié mandan chasque an.
Quand n'i'en a plus, gingoulon, fan boucan,
E lis impost plus fort se renouvellon.
Te, paure pople, avalo toun travai,
Abimo-te jusqu'au darnié badai,
Se trufaran de tu pèr tis estreno :
Dins li plesi quand vous estalouiras,
Ah ! bèn segur, sabès pas, gros souiras,
Ço qu'un escut nous a cousta de peno.
« Paure renaras, paure pagaras. »
Toujour saras lou fichau de l'afaire.
Touj'as soufert e toujour soufriras.

Il est écrit qui doit porter le bât,
C'est ainsi : mon Dieu, qu'y faut-il faire?
Mais que feront ces dissipateurs,
Quand ils paraîtront, là-haut, devant le grand Juge?
Qui leur dira : race d'hommes très durs,
Qu'avez-vous fait de mon peuple là-bas?
Vous vous êtes collés à sa peau comme des sangsues ;
Et les misérables diront : Seigneur ! Seigneur !...
Je crois qu'alors le bon Dieu sera sourd.
Ah ! loin de moi telle vilaine vie !
Loin de mon nid l'aboiement pour les places,
Et cette mer où tant se sont noyés !
Moi, mon barquet a trop petite voile,
Et je ne suis pas assez familiarisé avec les étoiles
De ce pays-là pour m'y aller enfanger.
Mais, ô mon Dieu, plutôt que d'y courir,
J'aimerais mieux défricher des talus
Ou me nourrir de criblures grossières !
Pourvu que je laboure, à mon loisir,
Et mes landes et mes jeunes vignes ;
Que, dans l'été, vers la claire fontaine,
Avec mes enfants, étendu sur l'herbette,

Es decida quau dèu pourta lou bast,
Acò's ansin : moun Diéu, que ié fau faire?
Mai que faran aquéli mangeiras,
Quand pareiran amount vers lou grand Juge?
Que ié dira : raço d'ome duras,
De-qu'avès fa de moun pople, eila-bas?
Vous sias 'mplastra sa pèu coume d'iruge ;
E li rascas diran : Segnour ! Segnour !
Crese qu'alor lou bon Diéu sara sourd.
Ah ! liuen de iéu uno talo vidasso !
Liuen de moun nis la japarié di plaço,
Aquelo mar que se n'i'es tant nega !
Moun nègo-chin a trop pichouno velo
E siéu pas proun afa'mé lis estello
D'aquel endré pèr me i'ana 'nfanga.
Mai, o moun Diéu, pulèu que de ié courre,
Prefeririéu estrassa de ribas
O me nourri d'un grapié grousseiras !
Tant soulamen qu'à moun lesi laboure
E mi champino e mi jóuini maiòu ;
Que, dins l'estiéu, contro uno font clareto,
'Mé mis enfant, ajassa sus l'erbeto,

Sous un pommier je sommeille un instant,
Et que, le soir, assis sur le mulet,
Au seuil je trouve ma petite femme
Qui aura trempé la soupe de haricots.

Le travail de la moisson allongera tes dents
Plus qu'aucun autre, et ni le mois, sans doute,
Où à Salon et sur les coteaux d'Aix
L'oliveuse cueille les olives
En les trayant dans son blanc corbillon ;
Non plus qu'au temps où, aux rives de Sorgue,
Champs abreuvés de mille et mille sources,
Les économes et lurés comtadins,
Pour leurs vers à soie viennent cueillir la feuille ;
Non plus qu'au temps de la saison des pluies
Dans les grands clos engraissés par les mares
Un *râfi* (1) trime à la queue du coutre,
Tout en sifflant, pendant trois longues traitées,
Sans que ses pauvres mains soient abritées
Contre le vent, le brouillard et le froid ;
Eh bien ! le mois joyeux des olivades,

Souto un poumié dorme uno passadeto,
E que, lou vèspre, asseta sus lou miòu,
Sus lou lindau atrove ma femeto
Qu'aura trempa la soupo de faiòu.

Lou meissounage aloungara ti pivo (2)
Mai que ges d'obro ; e ni lou mes, bessai,
Ounte à Seloun, sus li costo de-z-Ais,
L'óulivarello acampo lis óulivo
En li móusènt dins soun blanc gourbelin ;
Nimai au tèms qu'i ribo de la Sorgo,
Champ abéura de milo e milo gorgo,
Lis abarous e lura coumtadin,
Pèr si magnan vènon culi de fueio ;
Nimai se'n cop vèn la sesoun di plueio
Dins li grand claus endrudi pèr li sueio
Un ràfi trimo à la co dóu coutret,
Tout en siblant, pendènt tres lóngui jouncho,
E sens avé si pàuri man rejouncho
Contro lou vènt, li blasin e la fre ;
Bèn, ni lou mes galoi dis oúlivado,

(1) Valet de ferme.

(2) En marge, en français : *dents* (au figuré, *pivo* : pointe d'un râteau).

Ni celui des vers à soie, ni celui des semences laborieuses,
N'affameront autant que la moisson.
Le moissonneur fera ses cinq repas :
Il déjeunera pour chasser le *spleen*,
Un peu plus tard humera le *Grand-Boire*,
Sur le midi mangera le dîner
De bonne omelette farcie de charcuterie,
Tians (1) de choux qu'un pâtre de troupeau
Avec son bâton ne pourrait trouer.

Quand le soleil aura un peu usé
L'ardent brasier de ses nappes de lumière,
Pour son goûter, il mangera la salade,
Le pissenlit, le salsifis des prés,
Le fromageon attaqué par les vers
Qu'un franchimand guignerait de travers,
Mais qui ne répugne et ne dégoûte guère
Le journalier qui a la fièvre du loup (2).

Ni di magnan, ni semenço penado,
Afamaran autant que la meissoun.
Lou meissounié fara cinq repassoun :
Dejunara pèr cassa lou mau-viéure (3),
Un pau plus tard chimara lou grand-béure,
Sus lou miejour chicara lou dina,
De bon crespèu, farci de car-salado,
Tian de caulet qu'un pastre de manado
'Mé soun bastoun pourrié pas trepana.

Quand lou soulèu aura'n pau abena
L'ardènt brasié de sis escandihado,
Pèr soun gousta manjara l'ensalado,
Lou pisso-can emé lou barbabou,
Lou froumajoun agarri de sautaire (4)
Qu'un franchimand espincharié de caire,
Mai que repugno e descoro bèn gaire
Lou journadié qu'a la fèbre dóu loup.

(1) Plat au four, gratin.

(2) La fringale.

(3) En marge : *spleen*.

(4) En marge : *vers*.

Les grands ruisseaux ne s'emplissent pas de rosée,
« Vidon-vidal, selon la vie le journal (1) ! »
Voilà pourquoi, vaille que vaille, ils veulent
Cinq repas pour secouer la paresse,
Donner de l'énergie et conjurer la chaleur !

Mais, sitôt que le grand flambeau se couche,
Ils brident faucille, et, d'un pas lassé,
Bras harassés, viennent balin, balan,
Au mas manger un morceau d'omelette.

Et c'est, le soir, quelque chose de beau !
Jean s'est coupé, cherche de la charpie ;
Et Meurt-de-faim rhabille son chapeau ;
Margaridet s'en va battre l'estrade,
Elle a perdu, désolée, ses ciseaux,
Que son voisin lui porta de la foire.
Un peu plus loin, Marthe écrase une puce
Qu'elle vient de saisir sur son sein blanc.
De par derrière, Tâte-tétons guigne
La blanche raie et les deux flots de neige ;

Li grand valat s'emplisson pas d'eigagno,
« Vidoun vidau, segoundvido journau (2) ! »
Vaqui perqué volon, riboun-ribagno,
Cinq repassoun pèr espóussa la cagno,
Douna de voio, e'scounjura la caud!

Mai pas pulèu lou grand calèu se coucho,
Bridon voulame, e, d'un pas alassa,
Balin, balan, 'mé si bras matrassa,
Vènon au mas manja'n tassèu de troucho.

Acò, lou vèspre, èi quaucarèn de bèu !
Jan s'es coupa, cerco un tros d'escarpido ;
Manjo-quand-l'a rabiho soun capèu ;
Margaridet s'en vai courre bourrido,
Descounsoulado, a perdu si cisèu,
Que soun vesin i'adunguè de la fiero.
Un pau plus liuen, Martoun cacho uno niero
Qu'a davera de soun sen blanquinèu.
De-pèr-darrié, Tasto-Pousso chauriho
La rego blanco e li dous flot de nèu ;

(1) Dicton populaire.

(2) En marge : *proverbe.*

Mais, comme il va pour agacer la fille,
Marton se tourne et lui emplâtre un soufflet.

Dans l'autre coin, Étienne s'est planté
Pour abreuver son âne à la fontaine,
Mais Madelon, la fillette joueuse,
Qui, le matin, chante la *Peironelle* (1),
Lui a enchaîné les pieds d'une cordelle,
Et le bardot s'étale de son long.
Là, vous voyez des gens de toute sauce,
Car, en saison, quand les épis s'égrènent,
Il faut louer autant d'hommes qu'on peut.
Aussi dit-on : de voleurs ou guenipes,
Pas de milieu, la moisson doit se faire,
Si vous ne voulez voir le grain par terre.

Dieu ! vois ce feu luisant sur la montagne !
Il n'y est plus ! Que si ! il flamboie, est tout rond :
Oh ! comme il court ! Il enjambe la haie,
Les torrents pleins, les coteaux, les vallons...
Qui donc ainsi fait courir le follet ?

Mai coume vai tavaneja la fiho,
Martoun se viro e i'envisco un bacèu.

De l'autre caire, Estève s'apountello
Pèr abéura soun ase dins la font,
Mai Madeloun, chatouno jougarello,
Que lou matin canto la Peirounello,
I'a'ncadena li pèd'm'uno courdello,
E lou bardot s'estènd de tout soun long.
Aqui vesès de gènt de touto sausso,
Car, i tempouro, e quand lou blad s'espóusso,
Fau rambaia tant d'ome que se pòu,
Perqué se dis : de gourrino o de laire,
Pas de mitan, la meissoun dèu se faire,
Se noun voulès vèire lou gran pèr sòu.

Diéu ! ve'quéu fiò lusènt sus la mountagno !
I'es plus ! que si, flamejo, es tout redoun :
Oh ! coume lampo ! encambo li baragno,
Li gaudre plen, li colo, li valoun...
Quau lou fai courre ansin, lou fouletoun?

(1) Chanson populaire, dont il est question dans *Mireille*.

Il saute sans cesse, pin ! pan ! il est dans la plaine,
En quatre bonds il franchit le terroir,
Mon Dieu ! j'ai peur ! Il vient vers la cabane,
Signons-nous, mère, sauvons-nous, le voici !

— Dieu vous en garde, ô ma fille Miane,
De vous signer, restez là, taisez-vous!
Car c'est le feu de saint Antheaume, gare,
Si, par malheur, vous passiez la limite,
Ou si faisiez le signe de la croix !
C'est un diable, c'est une âme damnée,
Qui, à minuit, s'en va, déchaînée,
Pour tourmenter, si elle peut, les mortels ;
Mais le Seigneur l'empêche de leur nuire,
Et, tout son corps ne cessant de lui cuire,
Elle est affolée et sert d'épouvantail !

On dit qu'un an, au temps des engerbages,
A l'heure que les gardiens lassés
Par la chaleur, les rudes foulaisons,
Dans le sommeil cherchent à se distraire ;
On dit qu'alors, un d'eux qui sommeillait,

Fai que sauta, pin ! pòu ! es dins la plano,
Dins quatre bound, franquis lou terradou,
Moun Diéu ! ai pòu ! Vèn de-vers la cabano,
Signen-nous, maire, encourren-se, ve-lou !

— Dieu vous engarde, o ma fiho Miano,
Vous signés pas, restas'qui, teisas-vous !
Acò's lou fiò de Sant-Antèume, garo,
Se, pèr malur, trespassavias la raro,
O se fasias lou signe de la crous !
Es un diabloun, es uno amo danado,
Qu'à miejo-niue, s'envai, descadenado,
Pèr tourmenta, se poudié, li mourtau ;
Mai lou Segnour l'empacho de ié nouire,
E tout soun cor calant pas de ié couire,
Es esglaiado e sèr d'espaventau !

Dison qu'un an, dóu tèms dóu garbejage,
A l'ouro que li gardian alassa
Pèr la grand caud e li rùdi caucage,
Dedins la som cercon de s'espaça ;
Dison qu'alor, un que dourmiéutejavo,

Dans sa cabane, sur le coup de minuit,
Dans l'ombre vit un feu qui sautillait.
Toujours ce feu s'approchait davantage
Et s'approchait à éblouir les yeux.
Il vint danser là, bien devant la toile
Qui sert de tente, aux foulaisons précoces,
Bien tellement que cet homme effrayé :
Ah ! — pauvre moi ! — cria : Jésus-Marie !
Et, sur le coup, il y eut devant la porte
Quatre cierges, une bière de mort !

L'homme tomba de faiblesse de cœur ;
Plus tard, voyant vagabonder saint Antheaume,
Il ne signa plus : l'épreuve était trop forte.
En le voyant, il ne faut jamais fuir.
On a pu voir de pauvres misérables
Suivis de près par ce feu du diable,
Qui ne pouvaient plus s'en défaire
Et ne savaient comment s'échapper.
Dès que la noire nuit étend ses ailes
Sur les mortels accablés de sommeil,

Dins sa cabano, au cop de miejo-niue,
Vegué dins l'oumbro un fiò que sautejavo.
Toujour que mai aquéu fiò s'aprouchavo,
E s'aprouchavo à'sbrihauda lis iue,
Vengué dansa bèn davans la bourrenco
Que sèr de tèndo is iero proumierenco
Bèn talamen qu'aquel ome esfraia :
Ai ! paure iéu ! cridé : Jèuse-Maia !
E sus-lou-cop, i'aguè davans la porto
Quatre candèlo, uno caisso de mort !

L'ome toumbè d'un mourimen de cor ,
Pièi quand vesié Sant-Antèume pèr orto,
Se signè plus : l'esprovo èro trop forto.
Quand lou veirés fau jamai pachuscla (1)
S'es agu vist de pàuri miserable,
Segui de près pèr aquéu fiò dóu diable,
Que poudien plus se n'en despecoula
E noun sabien coume s'escapoula.
La negro niue tre qu'a'spandi sis alo
Sus li mourtau aclapa de la som,

(1) En marge, en français : *fuir*.

Ah ! qu'il est doux d'entendre la cigale
Avec son chant qui monte puis descend,
Et nous endort avec ses tristes sons !
Oui, qu'il est doux de voir sur la colline
Devant le mas, sur le rebord des champs,
Les feux de joie jaillir de la ramée,
Au temps où vient la fête de saint Jean.
Quand la tablée a mangé les légumes,
Et, de vin pur, quand les têtes sont chaudes,
Gais moissonneurs et fillettes folâtres
Portent le bois tout en farandolant.
Zou ! des buissons les branches cornues,
Sarments, bourrée et le poirier sauvage !
Zou ! le chardon et la ronce allongée,
Zou ! le mûrier et le saule épineux !
Qui va, qui vient : et la bande zélée
Pour mettre feu arrache des chaumes
Et, peu à peu, s'élève le monceau !
Et le voilà ; on va chercher la flamme.
Mais tout cela loin, bien loin des gerbiers.

Alors, la plus jolie des lieuses

Si qu'es poulit d'entèndre la cigalo
Qu'emé soun cant fai la mounto-davalo,
E nous endor emé si trìsti son !
Si qu'es poulit de vèire sus la colo
Davans li mas, à la ribo di champ,
Li fiò de joio espousca de la fioio,
Eiça quand vèn la fèsto de Sant-Jan.
Quand la taulado a manja lou bajan
E dóu vin pur quand li tèsto soun caudo,
Gai meissounié, chatouno fouligaudo,
Porjon lou bos en farandoulejant.
Zóu ! di bouissoun li branco banarudo,
Lou perussias, li fardo, li gavèu !
Zóu ! lou cardoun, la róumio loungarudo,
Zóu ! l'amourié, l'espinous arnavèu !
Quau vai, quau vèn : la chourmo afeciounado
Pèr bouta fiò derrabo d'estoubloun,
D'à pau à pau s'aubouro lou mouloun !
E ve-l'aqui, van querre la flamado.
Mai tout acò, liuen liuen di garbeiroun.

La plus poulido, alor, di liarello

Vient doucement, la bouche souriante,
Tout près du bois, l'allumette à la main.
Mais tout son cœur est troublé, la pauvrette !
Car Joselet, le gentil amoureux,
Est auprès d'elle et la regarde faire.
Et, pour cela, vont-ils pas se brouiller ?
Ils se brouilleront si la paille encore verte
Ne s'allume pas aussitôt, vivement ;
Mais, si elle prend feu, c'est que l'amour y est,
Et c'est qu'alors la fillette aime bien.

Jeannette donc s'avance, un peu craintive,
Après avoir troussé sa chemisette,
Les petits pieds cheminent sur l'argile,
Mais, pas plus tôt l'allumette approchée,
La flamme part !... Embrasse-moi, Jeannette,
Dit Joselet, je t'aimerai toujours.
Et Jeanneton s'échappe en souriant
Des doux baisers qu'elle voudrait subir ;
Et le jeune homme, comprenant la fillette,
Lui court après, et la trouvant seulette,
La baise bien, et lui dit : ma poulette,

Vèn plan-planet, la bouco riserello,
Contro lou bos, la brouqueto a la man.
Mai tout soun cor es treboula, pecaire !
Car Jóuselet, lou galant calignaire,
Es à l'entour que la regardo faire.
E, pèr acò, belèu se brouiaran !
Se brouiaran se la paio enca verdo
S'alumo pas sur lou cop vitamen ;
Mai se pren fiò, l'amour i'es pas de perdo,
Marco qu'alor la chatouno amo bèn.

Janeto dounc s'avanço crentouseto,
Après avé' stroussa' sa camiseto,
De si petoun camino sus lou bou
Mai pas pulèu aprocho la brouqueto
La flamo part !... embrasso-me, Janeto,
Dis Jóuselet, iéu t'amarai toujour.
E Janetoun s'escapo, risouleto,
Di poutounet que voudrié teni ;
E lou jouvènt que coumpren la fiheto
Ié cour après, e, l'atrouvant souleto,
La poutounejo e ié dis : ma pouleto,

Je t'en ferais à ne jamais finir !

Pourtant le bois et pétille et s'embrase,
Sous les fagots s'amoncelle la braise,
Jusques au ciel les étincelles vont,
Et, aussitôt, le branle prend l'élan.
Filles, garçons, voyez comme ils s'en donnent !
Tout est mêlé, et tout est plein d'entrain.
Quels fous ! C'est une bande de fantômes
Qui, dans la nuit, courent la prétentaine...
Qui me dira l'endroit où ils s'en vont,
Ce qu'ils ont bu, ce qu'ils ont dit et fait ?
Peut-être viennent-ils d'ensorceler quelque reine...

Le capoulié, le grand pot à la main,
De temps en temps fait boire à la régalade,
Et, comme il voit que le brasier se couvre,
Il jette du vin sur les charbons fumants.
Le galoubet, tambourin et cliquette
Font sautiller fillettes et garçons
Et les mollets potelés des jeunes filles
Sont découverts par la brise curieuse

Te n'en fariéu à n'en jamai fini !

Pamens lou bos e petejo e s'abraso,
Souto li fais s'amoulouno la braso,
Enjusqu'au cèu li belugo s'envan,
E, tout-d'un-tèms, lou brande pren soun vanc.
Fiho e droulas, si que fan bèn tintèino !
Tout es mescla, tout es plen d'enavans.
Soun fòu, dirias'no bando de trevant
Que, dins la niue, couron la patantèino...
Quau me dira lou rode mounte van,
De-qu'an begu, de-qu'an di, de-que fan?
Vènon, bessai, d'enclaure quauco rèino...

Lou capoulié, lou boucau à la man,
De tèms-en-tèms fai béure à la gargato,
E, coume vèi que lou brasié s'acato,
Jito de vin sus li carboun fumant.
Lou galoubet, tambourin e clincleto
Fan sauteja li chato e li garçoun,
E li boutèu mouflet di chatouneto
Soun destapa pèr la curiouso aureto

Qui, pour les voir, hausse les cotillons.

Du vin, du vin, aux hommes de moisson !
Offrez du vin, car le grand pot déverse.
Jeunes et vieux, arrosez le gosier,
Si vous ne voulez crever de la bise,
Couronnons-nous de pampres et d'épis,
Et que le vin écume dans les verres ;
Et si quelqu'un se grise ou a la crampe,
Que d'un seul coup il avale un baril !
Pourtant le bois et pétille et s'embrase,
Sous les fagots s'amoncelle la braise,
Jusques au ciel, les étincelles vont,
Et tout à coup le branle prend l'élan...

Tron de Candiéu ! regardez comme il file,
Comme il trépigne et saute les charbons !
Jamais lassés, ils font le tourniquet,
Quelque sorcière a dû enféer la bande.
Mais pourtant je suis sûr qu'ils en ont assez,
Ils n'y voient plus et tout le cœur leur saute.

Que, pèr li vèire, ausso li coutihoun.
(1)
De vin, de vin is ome de meissoun !
Pourgès de vin, que lou poutarras'scampo.
Vièi e jouvènt, bagnas lou gargassoun,
Se noun voulès creba de la cisampo,
Courounen-se d'espigo emé de pampo,
Que la vinasso escume dins li got ;
E, se quaucun s'empego, o s'a la rampo,
Faudra qu'avale un barrau tout-d'un-cop !
Pamens lou bos e petejo e s'abraso,
Souto lou fais s'amoulouno la braso,
Enjusqu'au cèu li belugo s'envan,
E tout-d'un-tèms lou braude pren soun vanc...

Tron de candiéu ! espinchas coume lando,
Coume trepejo e sauto li carboun !
Soun jamai las e fan lou virouioun,
Fau qu'uno masco ague enfada la bando.
Mai, dins acò, siéu segur que n'an proun,
Ié veson plus e tout lou cor ié brando.

(1) Entre ces deux vers, Mistral a écrit : *fureur bachique.*

Toujours quelqu'un tombe de tout son long,
Jusqu'au moment où le baïle leur crie :
— Allons ! au lit ! la soirée est finie !
La Belle Étoile est bientôt au levant !
A l'an qui vient, si Dieu veut, mes enfants.
Bonsoir à tous ! Et la joyeuse bande
A la cabane va prendre son sommeil.

Mais cependant qu'ici-bas, dans la plaine,
Les moissonneurs faisaient si bien la fête,
Les pastoureaux et bergères gentilles
Sur les montagnes, au milieu des brandes,
Ont festoyé, tous ensemble, saint Jean.
Là-haut, pendant qu'une pastoure chante
Accompagnée au son du flageolet,
On va chercher toutes sortes de plantes :
Le *thym* et le *chêne nain*,
Les *genêts épineux* tout hérissés d'épines,
Le *romarin* qui a si bonne odeur,
Et le *genièvre* englué de résine,
Avec l'*aspic* qui embaume à l'entour.

Toujour quaucun cabusso d'à-bouchoun,
Enjusqu'à tant que lou baile ié crido :
An ! dau ! au lié ! la vesprado èi finido !
La Bello Estello es tout-aro au levant !
A l'an que vèn, se Diéu vòu, mis enfant.
Bon vèspre en tòuti ! E la galoio chourmo
Au tibanèu (1) s'en vai faire la dourmo.

Mai d'enterin, qu'eiçavau dins lou plan,
Li meissounié fasien tant bèn si panto,
Li pastrihoun e pastresso galanto
Sus li mountagno au mitan di trescamp,
Tóutis ensèn festejavon Sant-Jan.
Aqui dóu téms qu'uno pastouro canto
Acoumpagnado au son dóu flahutet,
Van acampa touto meno de planto :
La *ferigoulo* e l'*avaus* pichoutet,
Lis *argelas*, tòuti clafi d'espino,
Lou *roumaniéu* qu'a tant bono sentour,
E lou *genèbre* envisca de presino,
Emé l'*aspi* qu'embaimo à soun entour.

(1) Entre parenthèses, en français : *cabane*.

D'autres s'en vont au sommet des montagnes
Faire craquer le grand *pin* et le *rouvre*,
Contre le *frêne* retentir la cognée ;
Et, quand le frêne dégringole dans la combe,
L'écho rocheux répond comme une bombe
Ou comme un tronc cassé par le mistral.
D'autres cherchant une sorte de silex
Font de la pierre à fusil jaillir la flamme vive ;
De tous côtés s'élèvent vers les nues
Des feux de joie, et le regard se hâte,
Car, de partout, il semble qu'il en pleut,
Et si le vin rend la tête un peu folle,
Le ciel paraît épanoui sur la colline,
Et les étoiles éparpillées par terre.

En voici un qui va mourir, le pauvre,
En voici deux qui viennent d'éclore,
En voici trois qui tombent d'inanition !
D'ici, de-là, il en brille de tous côtés,
Mais ils s'éteignent déjà deux par deux ;
Vers le ponant le *Char* prend son essor
Et tout s'est tu, l'air est tranquille et doux ;

D'autre s'en van à la pouncho di mourre
Fan cracina lou grand *pin* e lou *roure*,
Contro lou *frais* restounti la destrau ;
E quand lou *frais* barrulo dins la coumbo,
Lou roucassoun respond coume uno boumbo
O coume un trounc creba pèr lou mistrau.
D'autre an bousca'no merço de frejau
Fan dòu peirard giscla'no flamo vivo ;
De tout coustat s'aubouro vers li nivo
De fiò de joio, e la visto s'abrivo,
Car de pertout vous sèmblo que n'en plòu,
E se lou vin rènd la tèsto un pau folo,
Lou cèu parèis espandi sus la colo,
E lis estello escampeirado au sòu,

Ve-n'aqui un que vai mouri, pecaire,
Ve-n'aqui dous que vènon d'espeli,
Ve-n'aqui tres que soun bèn nequeli !
D'aqui-aqui n'en lusis de tout caire,
Mai, adeja, s'amosson à cha dous
Vers lou pounènt lou *Càrri* prend soun cous,
Tout s'es teisa, l'èr es tranquile e dous ;

Pâtres, adieu, laissez-moi, je m'en vais !
Pour les malheurs, les brouillards sont à craindre.

Muse, pareillement, je vais te dire adieu
Et t'envoyer vers tes sœurs, ô Sirène !
Si, en cachette, depuis la Madeleine,
Nous avons seuls chanté comme des orgues,
Depuis, le monde a fait pleine culbute !
Et cependant que, noyés dans la paix,
Le long des ruisseaux, nous mêlions nos voix,
Les rois roulaient pêle-mêle du trône
Sous les assauts des peuples trop ployés,
Et, misérables, les peuples se hachaient,
Ainsi que les épis de blé, sur l'aire (1).

Pastre, adessias, leissas-me que m'esbigne !
Pèr li malan, li nèblo soun de cregne.

Muso, peréu te vau dire adessias
E te chabi vers ti sorre, sereno !
Se d'escoundoun, dempièi la Madaleno,
Toúti soulet, cantan coume d'ourgueno,
Dempièi lou mounde a vira d'aut en bas !
E, dins lou tèms que, nega dins la pas,
Long di valat, nòsti voues se mesclavon,
D'amount li rèi à bóudre cabussavon
Souto li cop di pople trop gibla,
E marridoun (2), li pople se chaplavon
Coume à l'eiròu, lis espigo de blad.

FRÉDÉRIC MISTRAL.

(1) Les sept derniers vers sont traduits par Mistral lui-même dans ses *Mémoires et Récits*.

(2) Entre parenthèses, en français : *malheureux*.

L'Administrateur-Gérant : C.-D. VATAR. Composé à la Monotype. 2809-26. — Corbeil. Imp. CRÉTÉ. — 7-1927.

www.ingramcontent.com/pod-product-compliance
Lightning Source LLC
LaVergne TN
LVHW050428160826

845677LV00002BA/600

* 9 7 8 2 3 2 9 6 8 4 0 3 1 *